国家林业和草原局普通高等教育"十四五"规划教材

兽医病理解剖学实验

金天明　童德文　主编

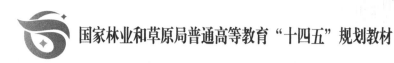
中国林业出版社
China Forestry Publishing House

内 容 简 介

本教材共包括 16 个实验，其中实验一至实验五是基础病理学的实验内容，实验六至实验十四是系统病理学的实验内容，实验十五、实验十六分别是病理剖检技术、病理组织切片制备技术。本教材在参考国内外同行的教材、学术论文基础上，结合编者多年的教学、科研成果编写而成。教材内容理论联系实践，图片资料均为编者收集、精选、制作。本教材具有较高的教学和临床应用价值，可供高等农林院校动物医学类专业本科生使用，同时还适用于成人教育，也可作为有关科研、生产、检验检疫等单位科技人员的参考书和工具书。

图书在版编目（CIP）数据

兽医病理解剖学实验 / 金天明，童德文主编.
北京：中国林业出版社，2024.12. —（国家林业和草原局普通高等教育"十四五"规划教材）. —ISBN 978
-7-5219-3021-4

Ⅰ. S852. 31-33

中国国家版本馆 CIP 数据核字第 2024B4M163 号

策划编辑：李树梅　高红岩
责任编辑：李树梅
责任校对：苏　梅
封面设计：睿思视界视觉设计

———————————————————

出版发行：中国林业出版社
　　　　　（100009，北京市西城区刘海胡同 7 号，电话 83143531）
电子邮箱：jiaocaipublic@163.com
网址：https：//www.cfph.net
印刷：北京盛通印刷股份有限公司
版次：2024 年 12 月第 1 版
印次：2024 年 12 月第 1 次
开本：787mm×1092mm　1/16
印张：6.25
字数：143 千字
定价：32.00 元

《兽医病理解剖学实验》
编写人员

主　编　金天明　童德文

副主编　（按姓氏笔画排序）

王龙涛（吉林农业大学）

王辉暖（锦州医科大学）

白　瑞（山西农业大学）

刘来珍（新疆农业大学）

刘建钗（河北工程大学）

李　宁（山东农业大学）

张东超（天津农学院）

张勤文（青海大学）

陈立功（河北农业大学）

苗丽娟（吉林农业科技学院）

金天明（天津市农业科学院）

赵晓民（西北农林科技大学）

黄　勇（西北农林科技大学）

常灵竹（沈阳农业大学）

童德文（西北农林科技大学）

主　审　王雯慧（甘肃农业大学）

前　言

为了让学生更好地理解和掌握兽医病理解剖学的理论知识，培养学生的实践技能和病理诊断能力，配合全国各高校兽医病理解剖学、动物病理学等课程的理论教学，我们组织了全国 14 所高校和研究院多年从事兽医病理解剖学教学的 15 名教师，编写了《兽医病理解剖学实验》一书。

作为国家林业和草原局普通高等教育"十四五"规划教材，本教材遵循以培养研究型和应用型兽医人才的教学目标，坚决贯彻落实党的二十大关于"教育、科技、人才是全面建设社会主义现代化国家的基础性、战略性支撑"的指示精神。教材内容对标《动物医学类专业教学质量国家标准》，共包括 16 个实验，其中，实验一至实验五是基础病理学的实验内容，实验六至实验十四是系统病理学的实验内容，实验十五、实验十六分别是病理剖检技术、病理组织切片制备技术。教材重点突出、图文并茂、通俗易懂，力求更加贴合当前本科生和研究生兽医病理解剖学教学的需要。

本教材是在参考国内外同行的教材、学术论文的基础上，结合编者多年的教学、科研成果编写而成，内容理论联系实践，图片资料均为编者收集、精选、制作的。

参与编写的所有编者和编辑都认真地查阅文献、收集资料，整理文字和图片，为本教材的编写做出了重要贡献。特别感谢甘肃农业大学王雯慧教授对本教材进行了全面细致的审校，并为编写工作提出了许多富有成效的建设性意见。天津市教育招生考试院陈义为本教材进行了制图和修图。

由于编写时间仓促，水平有限，书中可能还存在缺点或错误，期待各兄弟院校的同行、专家和所有读者批评指正，以便后期重印或修订时予以改进。

编　者

2024 年 7 月 15 日

目　录

实验一　局部血液循环障碍病变观察

一、实验目的与要求

1. 掌握动脉性充血、静脉性充血、出血、血栓形成和梗死的概念。
2. 通过观察大体病理标本和病理组织切片，认识充血、淤血、出血、血栓形成和梗死的病理形态学特征。
3. 掌握血栓的分类和梗死的类型。
4. 学会分析上述病理变化的发生原因和机理、对机体的影响以及与临床病理的联系。

二、实验准备

1. 学生复习充血、淤血、出血、血栓形成和梗死等相关概念。
2. 教师准备大体病理标本、显微镜和病理组织教学切片等。

三、实验内容

(一)动脉性充血

动脉性充血简称充血(hyperemia)，是指局部器官或组织的小动脉及毛细血管扩张，输入过多的动脉性血液的现象。以肺充血为例进行观察。

剖检：充血的肺脏呈弥散的鲜红色，稍肿大，质地较实在。

镜检：肺小动脉和肺泡壁毛细血管扩张，血管数量显著增多，充盈着红细胞，肺泡壁增厚(图1-1)。

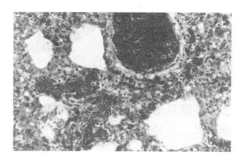

图1-1　肺充血、出血(H. E. ×400)

(二)静脉性充血

静脉性充血简称淤血(congestion)，是指由于静脉血液回流受阻，血液淤积在小静脉及毛细血管内，使局部器官或组织的血量增多的现象。以肝淤血为例进行观察。

剖检：肝脏体积增大，被膜紧张，边缘变钝，颜色紫红，切面流出多量暗红色血液。淤血时间较久时，由于肝小叶中央静脉和肝血窦充满红细胞而呈红棕色(淤血)，肝小叶周边部分由于细胞脂肪变性而呈淡灰黄色，因此肝脏呈红黄相间、似槟榔切面的花纹，称为"槟榔肝"(图1-2A~C)。

镜检：肝细胞体积增大，细胞浆内有大小不一、数量不等的圆形空泡。肝小叶中央静脉、小叶间静脉高度扩张、充盈多量红细胞。淤血时间较久时，肝小叶周边的肝细胞脂肪变性，中央静脉周围的肝细胞变性、坏死(图1-2D和E)。

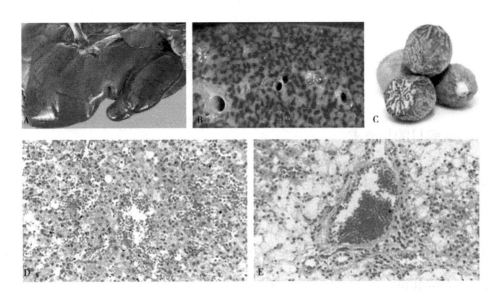

图 1-2　慢性肝淤血（Dutra F，2016）

A. 槟榔肝；B. 慢性肝淤血的肝脏切面；C. 槟榔；D. 中央静脉和肝窦充满红细胞，肝细胞坏死（H. E. ×400）；E. 小叶间静脉充满红细胞，肝小叶周边区域的肝细胞发生脂肪变性（H. E. ×400）

图 1-3　脾脏血肿

（三）出血

血液从血管或心脏逸出的过程称为出血（bleeding）。

1. 血肿

剖检：从标本可见，脾脏头部近端有一个约 1 cm直径的血肿（图 1-3），切开后可见脾脏内蓄积大量暗红色血液，将被膜与脾组织分开，形成蚕豆大血肿。此种出血属于破裂性出血，即当血管破裂时，大量血液从血管流出，压迫周围组织并形成局限性肿大，局部组织因受血液的压迫和浸润而破坏。血肿可发生于皮下组织和某些脏器，通常由于机械因素、炎症、肿瘤等对大血管的破坏而引起。

2. 肠出血

剖检：肠浆膜和黏膜上散在大量出血点或出血斑（图 1-4A）。

镜检：可见肠黏膜固有层中的血管扩张、充满红细胞，血管周围组织中存在大量散在或积聚的红细胞（图 1-4B）。

3. 淋巴结出血

剖检：主要表现在被膜下窦区域和小梁周围淋巴窦区域出血，所以呈大理石样外观。

镜检：以上区域出现大量红细胞。严重者，出血可波及所有区域，血管充血、血管内皮细胞肿胀（图 1-5）。

（四）血栓形成

在活体的心血管系统内，由于某些病因的作用，流动的血液中发生血小板聚集、纤维蛋白聚合形成固体物质的过程，称为血栓形成；所形成的固体物质，称为血栓（thrombus）。

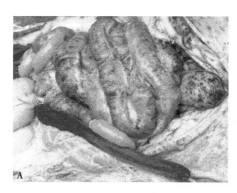
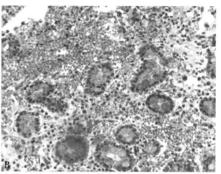

图 1-4　肠出血

A. 肠浆膜出血；B. 毛细血管扩张、充满红细胞，毛细血管周围的组织间隙有大量红细胞(H. E. ×400)

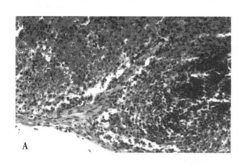
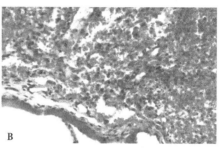

图 1-5　淋巴结出血(H. E. ×400)

A. 小梁周围淋巴窦和淋巴小结中有大量红细胞；B. 被膜下窦和淋巴小结中有大量红细胞

1. 血栓

血栓可分为白色血栓、混合血栓、红色血栓和透明血栓。

(1)白色血栓

剖检：呈黄色或灰白色，形状不一，在心瓣膜上呈疣状，在心室腔呈层片状，而在心耳则呈息肉状。

镜检：血小板团块为红色的细颗粒样物质，在血小板团块或小梁之间有网状的纤维蛋白和白细胞，相互呈层状排列。

(2)混合血栓

剖检：红黄色相间，质地较硬。

镜检：红细胞、红染的细颗粒样物质(血小板)和白细胞相间(图 1-6)。

(3)红色血栓

剖检：为暗红色血凝块，由血液的所有成分组成。

镜检：在纤维蛋白的网眼中充满红细胞和白细胞。

(4)透明血栓

剖检：主要发生于毛细血管。

镜检：血管内呈均质、红染的物质。

2. 鸡脂样凝血

鸡脂样凝血为动物死亡后凝血块，必须与血栓加以区别(表 1-1)。

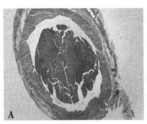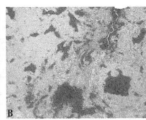

图 1-6　混合血栓

A. 静脉血管壁内为混合血栓(H. E. ×40)；B. 由红细胞、血小板和白细胞组成的混合血栓
(H. E. ×100)；C. 混合血栓附着于血管壁(H. E. ×400)

表 1-1　血栓和死后血凝块的肉眼区别

区别项目	血栓	死后血凝块
光泽	暗而无光	有光泽
质地	脆	有弹性
与血管壁附着情况	牢固	不附着
撕下后血管壁情况	有损伤	无

(五)梗死

活体内局部组织或器官由于动脉血流中断而导致的缺血性坏死，称为梗死。

1. 肾脏贫血性梗死(白色梗死)

剖检：梗死区颜色灰黄或灰白、干燥无光、质地较脆，整个梗死区外周可见红色反应带，典型病理变化呈圆锥状，尖端指向肾门，底部位于表面，呈三角形。

镜检：梗死区的肾小管和肾小球上皮细胞死亡、脱落，细微结构已不见，但其轮廓尚能辨认(图 1-7)，梗死区外周有一明显的出血带。

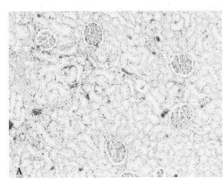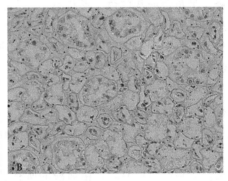

图 1-7　肾脏贫血性梗死

A. H. E. ×40；B. H. E. ×400

2. 肾脏出血性梗死(红色梗死)

剖检：梗死区呈三角形，界限清楚，暗红色或红黄相间，常突出于表面。

镜检：梗死区的肾小管和肾小球细微结构(如细胞核)均已不见，但其轮廓尚能辨认，肾小管间有大量的红细胞，如一片血海，坏死的肾小球几乎被红细胞充满(图 1-8)。

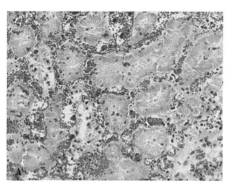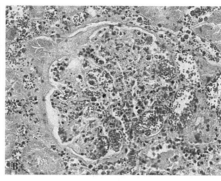

图 1-8　出血性梗死（H. E. ×400）

A. 肾小管间有大量的红细胞，肾小管上皮细胞死亡，管腔变狭窄；

B. 肾小球囊腔中充满红细胞，肾小球毛细血管外有大量红细胞

3. 脾脏出血性梗死

剖检：主要见于急性猪瘟，脾脏边缘部位有大小不一、界限清楚的暗红色肿块，并突出于表面。

镜检：梗死区脾脏的正常结构已完全破坏。

四、课堂作业

绘制病理变化部位组织的主要形态变化图。

五、思考题

1. 如何区别充血、淤血、贫血和出血？
2. 血栓形成、栓塞和梗死各有何特点？
3. 根据形态学变化，试述出血性梗死和贫血性梗死有何区别。

实验一彩图

（童德文）

实验二　细胞和组织损伤的形态学观察

一、实验目的与要求

1. 掌握变性、坏死的类型及各自病理变化特点。
2. 通过观察大体病理标本和病理组织切片，认识变性和坏死的病理形态学特征。
3. 学会分析上述病理变化的发生原因和机理、对机体的影响以及与临床病理的联系。

二、实验准备

1. 熟悉动物机体各组织的正常形态结构，掌握变性和坏死等相关概念。
2. 学生对本实验涉及的大体病理标本、病理组织切片有初步认识。
3. 教师准备大体病理标本、显微镜和病理组织教学切片等。

三、实验内容

（一）变性

变性是指在致病因素作用下，由于细胞物质代谢发生障碍，细胞理化性质发生改变，在细胞内或细胞间质出现某些异常物质或正常物质蓄积过多的病理现象。

1. 肾脏颗粒变性

剖检：肾脏体积增大，被膜紧张，边缘钝圆，切面边缘稍向外翻，浑浊无光泽，质地松软脆弱，皮质部呈灰黄或灰红色，如煮肉样外观。

镜检：肾小管上皮细胞肿大，肾小管内腔变窄，肾小管上皮细胞细胞浆中有淡红色颗粒，细胞核被遮盖而模糊不清（图2-1）。

2. 肝脏脂肪变性

剖检：肝脏体积增大，边缘钝圆，被膜紧张，呈黄褐色或灰黄色，切面稍外翻，切面结构模糊且具有油腻感，用刀背刮过有油状物附着，质地松软脆弱（图2-2）。

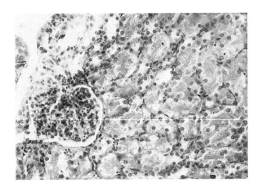

图2-1　肾小管上皮细胞颗粒变性(H. E. ×400)

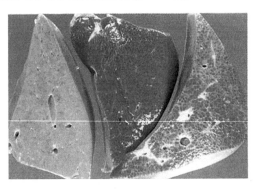

图2-2　脂肪肝

镜检：肝小叶界限不清楚，肝细胞肿胀，肝索排列紊乱，在肝细胞内含有多量大小不等的空泡（由于制作石蜡切片时在脱蜡过程中脂肪被溶解，此时呈现为许多小空泡），肝细胞核被挤压在细胞的一侧或者发生浓缩、溶解甚至消失（图 2-3）。

3. 肝脏动脉管壁玻璃样变性（肝脏动脉透明变性）

剖检：在肝脏切面上可见，动脉管壁周围沉积了大量坚实、均质、无结构的玻璃样物质，血管壁增厚，管腔变窄，血管壁的正常结构消失。血管管腔狭窄，血液循环障碍，使肝脏发生萎缩、变性（图 2-4）。

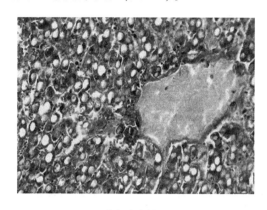

图 2-3　肝脏脂肪变性（H. E. ×400）　　　　图 2-4　肝脏动脉玻璃样变性

镜检：小动脉内皮细胞下出现红染、均质、无结构的玻璃样物质，严重时可波及中膜。发生透明变性的小动脉管壁增厚，管腔变窄，甚至闭塞。

4. 肝脏淀粉样变性

剖检：由于肝脏内沉积有大量淀粉样物，肝脏的体积肿大，边缘钝圆，被膜紧张，被膜下实质内可见出血块，肝脏质地柔软，脆弱犹如面团样，指压易破裂，切面呈灰白色、均质、无结构的外观（图 2-5）。

镜检：淀粉样物沉积于肝细胞索和窦状隙之间的网状纤维上，呈粗细不等、粉红色的纤维状，肝细胞因受压而排列散乱、萎缩或消失，窦状隙变窄或消失（图 2-6）。

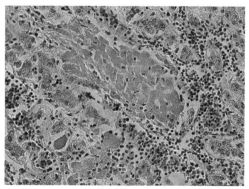

图 2-5　肝脏沉积淀粉样物质　　　　图 2-6　肝脏淀粉样变性（H. E. ×400）

粉红色淀粉样物质沉淀于肝细胞索、
窦状隙之间，形成纤维状

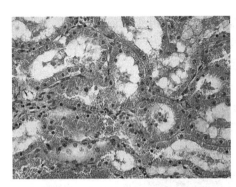

图 2-7 肾小管上皮细胞透明变性
(H. E. ×400)

5. 肾小管上皮细胞透明变性

镜检：低倍镜下可见肾小管上皮细胞中出现多量大小不等的红色圆形的透明滴状物，滴状物也可在管腔中见到。高倍镜下肾小管上皮细胞肿胀变性，细胞之间界限不清，有些肾小管上皮细胞脱落至管腔，有些肾小管上皮细胞中可见大小不一的红染透明滴(图 2-7)。

(二)坏死

坏死是指活体内局部细胞死亡，功能完全消失。依据组织内蛋白质变性不同，坏死可分为凝固性坏死、液化性坏死和坏疽。

1. 肝细胞坏死(属于凝固性坏死)

剖检：肝组织质地干燥、坚实，坏死灶与周围健康组织界限清楚，呈灰白色或黄白色，无光泽，周围常有暗红色的充血和出血带。

镜检：肝组织结构的轮廓尚在，但肝细胞的正常结构消失，坏死细胞的细胞核完全崩解、消失或有部分核碎片残留，细胞浆崩解融合为一片淡红色、均质无结构的颗粒状物质。

2. 肌肉蜡样坏死(属于凝固性坏死)

剖检：此病理变化常见于由于维生素 E 或硒缺乏引起的白肌病。可见肌肉组织肿胀、混浊、无光泽、干燥、坚实，呈灰黄色或灰白色，外观像石蜡一样(图 2-8)。

镜检：肌纤维肿胀，细胞核溶解，横纹消失，细胞浆变成红染、均质、无结构的玻璃样物质，有的还可发生断裂。

3. 肺脏干酪样坏死(属于凝固性坏死)

剖检：牛肺脏干酪样坏死是由结核分枝杆菌侵蚀肺部所表现出来的特有的病理变化，可见肺脏切面肺固有结构消失，外观呈黄色或灰黄色，质地柔软、致密，形似奶酪(图 2-9)。

图 2-8 肌肉蜡样坏死

图 2-9 牛结核肺

4. 小脑液化性坏死

剖检：小脑局部脑膜可见明显水肿及少量出血点。表皮皮质颜色灰白或黄白，触之或晃动可有波动感。

镜检：小脑浦肯野细胞核溶解或仅存有核影，细胞浆红染无结构，周围脑组织疏松呈网格状或海绵状(图 2-10)。

小脑分子层核白质可见局灶性液化，组织疏松呈网状。

小血管和毛细血管扩张充血，部分毛细血管内可见均质红染的透明血栓(图 2-11)。

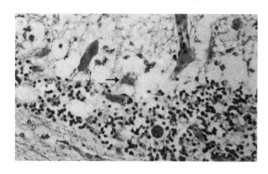 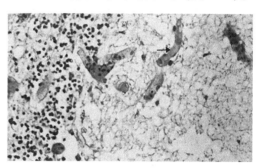

图 2-10　液化坏死的浦肯野细胞核溶解，
细胞浆红染无结构(H.E. ×400)

图 2-11　炎性坏死区疏松水肿，毛细血管内
可见透明血栓(H.E. ×400)

四、课堂作业

1. 绘制颗粒变性的主要组织病理变化特点图。
2. 绘制脂肪变性的主要组织病理变化特点图。
3. 绘制透明变性的主要组织病理变化特点图。
4. 绘制肝细胞坏死的主要组织病理变化特点图。

五、思考题

1. 如何区别脂肪变性和水泡变性?
2. 如何区别细胞的变性和坏死?
3. 细胞坏死时细胞核的变化有哪些?

实验二彩图

（白　瑞）

实验三　适应与修复

一、实验目的与要求

1. 掌握肉芽组织、包囊形成和萎缩的概念。
2. 学会分析上述病理变化的发生原因和机理、对机体的影响以及与临床病理的联系。

二、实验准备

1. 学生复习肉芽组织、包囊形成和萎缩等相关概念。对本实验涉及的大体病理标本和病理组织切片有初步认识，能够识别病理变化组织、器官的形态结构。
2. 教师准备大体病理标本、显微镜和病理组织教学切片等。

三、实验内容

(一)肉芽组织

由新生的成纤维细胞、丰富的毛细血管和炎性细胞所组成的一种幼稚的结缔组织称为肉芽组织(granulation tissue)。肉芽组织在机化、包囊形成、创伤愈合和组织修复过程中具有重要作用。

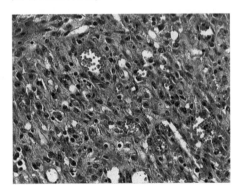

图 3-1　肉芽组织(H. E. ×400)

剖检：肉芽组织呈鲜红的颗粒状或结节状，质地柔软，易破裂而出血，表面常有一层凝固的炎性渗出物。

镜检：有大量的成纤维细胞、丰富的毛细血管和多种炎性细胞(巨噬细胞、中性粒细胞、淋巴细胞、浆细胞等)(图 3-1)。随着病理过程的发展，成纤维细胞变为纤维细胞，胶原纤维增多，毛细血管萎缩，炎性细胞逐渐减少甚至消失。最后胶原纤维数量占优势，其中夹杂很少的纤维细胞，肉芽组织老化变成瘢痕组织，此时，外观呈灰白色，质地紧密。

(二)包囊形成

机体内出现的病理产物或异物被新生的纤维结缔组织包围的过程，称为包囊形成(encystation)。

剖检：在病理产物或异物周围有一层薄厚不一的纤维结缔组织囊。

镜检：初期病理产物或异物周围肉芽组织增生，最后成纤维细胞衰老，毛细血管萎缩，胶原纤维增多，变为纤维结缔组织包囊。有时，还可看到多少不一的淋巴细胞和巨噬细胞浸润。当机体某组织存在缝线等异物时，异物周围常出现多核巨细胞积聚、厚层纤维结缔组织包膜；当组织中存在寄生虫或其虫卵时，在虫体或虫卵周围的结缔组织中，常有多量的嗜酸性粒细胞浸润，有时还有钙盐沉积。

(三) 萎缩

在疾病过程中，发育到正常大小的细胞、组织、器官，由于物质代谢障碍，分解代谢超过合成代谢，细胞的体积缩小和数量减少，导致组织、器官体积变小、机能减退，称为萎缩(atrophy)。萎缩的类型有很多种，现结合标本和切片重点予以介绍。

1. 腹肌萎缩

剖检：由于神经源性或者废用性因素，使肌肉组织体积缩小，变细变薄，颜色变淡，质量减少。

镜检：肌纤维变细，细胞核相对密集，肌纤维排列稀疏，纤维间隙增宽，其间水肿。病程较长时，肌纤维间的结缔组织和脂肪组织增生。

2. 心肌萎缩

剖检：肉眼无明显变化，只表现为质地松软。

镜检：低倍镜下可见心肌纤维变细，间隙增宽。高倍镜下可见心肌纤维变细，细胞浆内有多量脂褐素颗粒沉着，心肌纤维间隙增宽(图 3-2)。

3. 肝脏褐色萎缩

剖检：肝脏体积缩小明显，呈黄褐色或黑褐色。被膜增厚，可见皱褶，质地较正常肝脏硬实。

镜检：肝细胞体积缩小，其缩小程度不等，肝细胞的细胞浆内有大小不等的黄褐色脂褐素颗粒沉着。萎缩肝细胞细胞核形状和大小不一，汇管区因肝小叶缩小而表现相对增宽(图 3-3)。

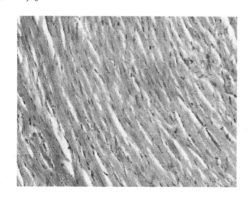

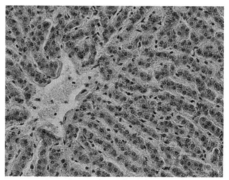

图 3-2 心肌萎缩(H. E. ×400)
心肌纤维变细，心肌纤维内有脂褐素
颗粒，间隙增宽有水肿液

图 3-3 肝脏褐色萎缩(H. E. ×400)

4. 肾脏萎缩

剖检：马的肾脏患肿瘤后，正常的肾组织因受肿瘤的压迫而发生萎缩，可见肾脏呈暗褐色，表面凹凸不平。

镜检：镜下可见肾皮质层变薄，界限模糊不清。肾小球相对密集。肾小管管壁变薄，管腔变大，肾小管之间间质增宽，结缔组织增生。肾小管上皮细胞体积缩小，细胞核浓染，细胞浆内有多量的脂褐素颗粒，有的肾小管上皮细胞脱落。肾小球变小，肾小球囊腔变大，肾小球血管内皮细胞数量减少(图3-4)。

5. 间质性肾炎压迫肾实质萎缩

剖检：肾脏表面凸凹不平，被膜增厚不易剥离，肾切面有很多结缔组织排列呈灰白色条索状。

镜检：间质有大量结缔组织增生，肾小管和肾小球由于受压迫而变小，有的肾小管和肾小球表现为代偿性扩张。肾小管上皮细胞体积变小、数量减少，有的肾小管上皮细胞变性、坏死和脱落(图3-5)。

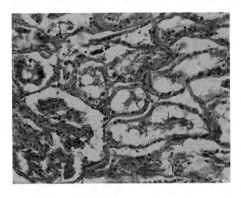
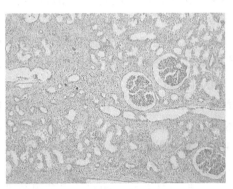

图3-4　肾脏萎缩(H. E. ×400)　　　　图3-5　间质性肾炎(H. E. ×100)

6. 心冠脂肪萎缩

剖检：脂肪组织减少，颜色变深，质地变软，严重时呈透明的胶冻状，所以也称脂肪萎缩。

镜检：脂肪细胞变为多角形黏液细胞，间质里出现多量的浆液或黏液性物质。所以，脂肪萎缩又称脂肪黏液变性。由于环境条件的变化，成熟的脂肪组织完全改变其原有的形态和机能，成为黏液组织，所以脂肪萎缩又可称为脂肪化生。

四、课堂作业

绘制病理变化部位组织的主要形态变化图。

五、思考题

1. 试述肉芽组织的病理学形态特点。
2. 试述肾萎缩的病理变化。

实验三彩图

(赵晓民)

实验四　炎　症

一、实验目的与要求

1. 通过形态观察进一步明确炎症概念及其基本病理变化。
2. 掌握各种炎性细胞的形态特征及其在炎症中出现的意义。
3. 掌握变质性炎、渗出性炎和增生性炎的概念、类型、形态特征及其转归。
4. 掌握急、慢性炎症的概念及其形态特征。

二、实验准备

1. 预习炎症相关概念和炎性细胞特点。
2. 学生对本实验涉及的大体病理标本和病理组织切片有初步认识。
3. 教师准备大体病理标本、显微镜和病理组织教学切片等。

三、实验内容

(一)变质性炎

变质性炎(alterative inflammation)是发炎器官的实质细胞呈明显的变性、坏死,而渗出和增生变化较轻微的一种炎症。多发生于心脏、肝脏、肾脏、脑和脊髓等实质器官,故又称为实质性炎(parenchymatous inflammation)。

1. 变质性肝炎

剖检:肝脏不同程度肿大,边缘钝圆,被膜紧张,切面外翻,呈暗红色与土黄色相间的斑驳色彩,表面和切面散在针尖大至粟粒大的黄白色或灰白色坏死灶。

镜检:坏死灶呈凝固性,集中于肝小叶内,呈局灶性或弥漫性。坏死灶周边常有炎性细胞浸润,肝细胞还见有水泡变性与脂肪变性(图4-1)。

2. 实质性心肌炎

剖检:常见心肌呈大面积的"虎斑状"坏死灶。

镜检:轻症时,心肌纤维呈颗粒变性、脂肪变性;严重时,心肌纤维呈水泡变性或蜡样坏死。间质及肌纤维坏死伴有浆液渗出和中性粒细胞、淋巴细胞及浆细胞浸润(图4-2)。

(二)渗出性炎

渗出性炎(exudative inflammation)是以渗出性变化占优势,并在炎灶内形成大量渗出液,而组织细胞的变性、坏死及增生性变化较轻微的炎症。

1. 急性肾小球肾炎

剖检:肾肿大,浑浊,质脆,表面散在点状出血。通常与单纯的变性或出血不易区别,应做组织学鉴别。

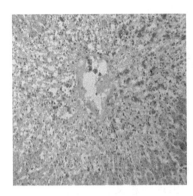
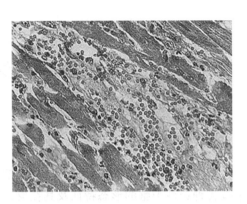

图4-1 变质性肝炎(H.E.×100)　　图4-2 实质性心肌炎(H.E.×400)

镜检：肾小球内细胞数量增多；肾小球毛细血管内皮细胞、间质细胞增生，充满肾小囊，导致囊腔狭窄；可见中性粒细胞和单核细胞浸润。此外，还表现为急性渗出性和出血性变化(图4-3)。

2. 浆液性肺炎

剖检：肺体积肿大，呈紫红色或灰红色，质地变硬、易碎。切面流出多量带血的浆液。支气管潮红充血，间质增宽、水肿。

镜检：肺泡腔及支气管内有粉红色、均匀一致的蛋白性渗出液及炎性细胞浸润(图4-4)。

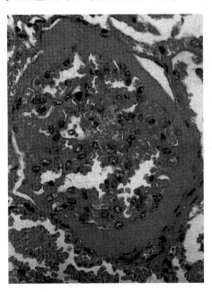
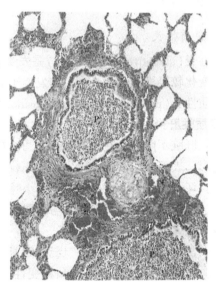

图4-3 急性肾小球肾炎(H.E.×400)　　图4-4 浆液性肺炎(H.E.×100)
P. 病变位置

3. 纤维素性肺炎

剖检：肺组织呈灰白色或灰黄色，质地坚实，切面干燥，呈细颗粒状。入水完全下沉。间质和胸膜的病理变化与红色肝变期相同。

镜检：肺泡壁毛细血管受渗出物压迫而使原充血减退。肺泡腔中含有大量纤维蛋白和中性粒细胞，红细胞溶解消失。在肺泡腔中见有粉红色丝状物质，交织呈丝网状，其间有细胞成分。灰色肝变期的肺泡腔扩张，充满网状纤维蛋白和多量的白细胞(图4-5)。

4. 急性卡他性肠炎

剖检：主要病理变化发生于小肠段，黏膜表面附有大量黏液，黏膜潮红、肿胀，有时呈点状或线状出血。

镜检：黏膜上皮细胞变性、脱落，杯状细胞增多，黏膜固有层毛细血管扩张、充血，大量黏液渗出，中性粒细胞、淋巴细胞浸润，有时可见红细胞(图 4-6)。

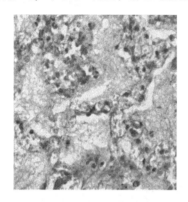 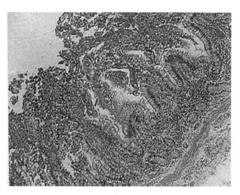

图 4-5　纤维素性胸膜炎　　　图 4-6　急性卡他性肠炎(H. E. ×40)
（H. E. ×400）

5. 出血性肠炎

剖检：黏膜肿胀，呈暗紫红色，有出血点或出血斑。

镜检：黏膜上皮与肠腺上皮细胞大量坏死、脱落。黏膜及黏膜下小血管常极度扩张，伴有出血和浆液渗出，其中混有黏液、中性粒细胞、红细胞及脱落的上皮细胞，黏膜固有层充血、出血、水肿及炎性细胞浸润(图 4-7)。

6. 出血性淋巴结炎

剖检：淋巴结体积显著肿大，表面呈暗红色，切面呈红白相间的大理石样外观。

镜检：淋巴结的髓窦高度扩张，充满红细胞和巨噬细胞。除见一般急性炎症外，出血部位的淋巴窦内聚集多量红细胞。如果出血严重，淋巴结几乎全部被红细胞占据，淋巴组织残缺不全；如果淋巴结在出血的基础上发生坏死，则形成干燥的砖红色坏死灶(图 4-8)。

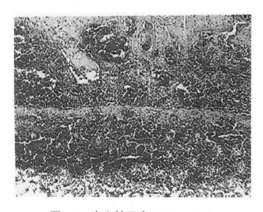 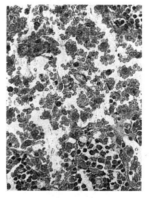

图 4-7　出血性肠炎(H. E. ×100)　　　图 4-8　出血性淋巴结炎
（H. E. ×400）

(三)增生性炎

增生性炎(productive inflammation)是以细胞或结缔组织大量增生为特征，而变质和渗出变化表现轻微的一种炎症。

1. 间质性肾炎

剖检：双侧肾对称性缩小，颜色苍白，质地变硬，质量减轻，包膜粘连难于剥离，表面呈颗粒状，又称颗粒状固缩肾。

镜检：肾间质淋巴细胞、巨噬细胞、少数中性粒细胞浸润，肾小球周围纤维化，肾实质萎缩(图4-9)。

2. 传染性肉芽肿

剖检：可见大小不等的增生结节，呈灰白色，切面呈灰白色或灰黄色干酪样外观。

镜检：结节中心部位组织坏死，结构模糊或有钙盐沉着，周围有郎罕氏巨细胞和上皮样细胞浸润。外围为淋巴样细胞浸润和纤维结缔组织包裹，即具有典型的3层组织结构(图4-10)。

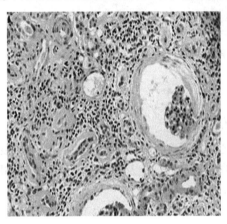 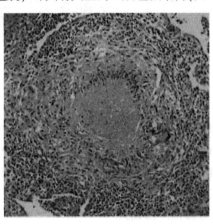

图4-9　间质性肾炎(H.E.×100)　　图4-10　传染性肉芽肿(H.E.×100)

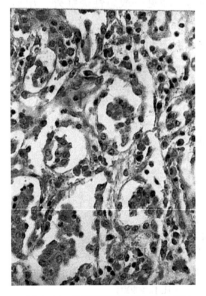

图4-11　间质性肺炎(H.E.×400)

3. 间质性肺炎

剖检：呈弥漫性或局灶性分布，炎灶大小不一，多形成局灶性硬块。病灶周围肺组织气肿，呈灰白色或灰黄色，质地稍实，切面平整。病程较长时，结缔组织增生并纤维化使病灶变硬。

镜检：肺泡隔因成纤维细胞增生而增宽，发生炎性细胞浸润，肺泡内有少量巨噬细胞(图4-11)。

(四)炎性细胞

从血管内游走到周围组织中的白细胞称为炎性细胞。炎症过程中主要的炎性细胞有以下几种。

1. 嗜酸性粒细胞

嗜酸性粒细胞主要由骨髓产生，多见于寄生虫病及某些变态反应性疾病的炎灶中，运动能力较弱，有一定吞噬作用，能吞噬抗原-抗体复合物。细胞核一般分为两叶, 细胞浆丰富, 内含有粗大的强嗜酸性颗粒(图 4-12)。

2. 嗜碱性粒细胞

细胞浆中有嗜碱性大颗粒, 异染性颗粒, 内有肝素、组织胺(组胺)及 5-羟色胺等。当受到炎症刺激时, 细胞脱颗粒, 释放组胺、肝素等活性物质, 引起炎症反应(图 4-13)。

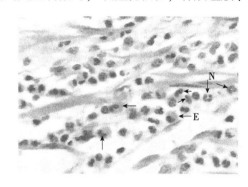

图 4-12 嗜酸性粒细胞(H. E. ×400)

E. 嗜酸性粒细胞; N. 中性粒细胞

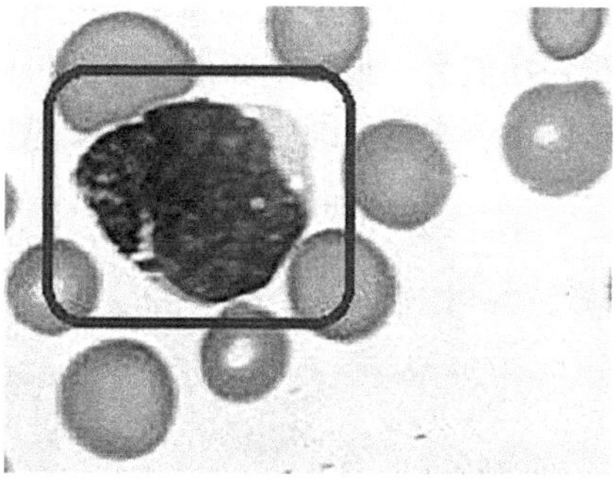

图 4-13 嗜碱性粒细胞(H. E. ×1 000)

3. 中性粒细胞

中性粒细胞多见于急性炎症早期或化脓性炎症, 具有活跃的运动和吞噬能力, 主要吞噬细菌、坏死细胞、组织碎片和抗原-抗体复合物。细胞浆内含有丰富的嗜中性颗粒, H. E. 染色呈淡粉红色, 细胞幼年时核呈杆状, 成熟后分成 2~5 叶, 故又称多形核白细胞。肌肉组织蜂窝织炎中可见大量中性粒细胞(图 4-14)。

4. 巨噬细胞

巨噬细胞在血液中称为单核细胞, 从血液中游走进入周围组织称为巨噬细胞。

炎灶中的巨噬细胞主要由血管游走, 也可是组织源性的。主要见于急性炎症的后期、慢性炎症、非化脓性炎症、病毒病、原虫感染等过程, 能吞噬细菌、组织碎片等较大异物, 处理抗原后将抗原信息递呈给免疫活性细胞。巨噬细胞胞体大, 细胞浆丰富, H. E. 染色呈粉红色, 细胞核呈卵圆形、肾形或马蹄形, 染色质颗粒纤维细而疏松, 着色较浅(图 4-15)。

5. 多核巨细胞

多核巨细胞由多个巨噬细胞融合而成, 具有强大的吞噬能力。细胞体积大, 细胞浆丰

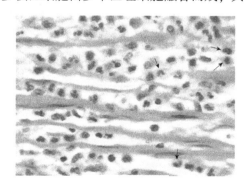

图 4-14 中性粒细胞(H. E. ×400)

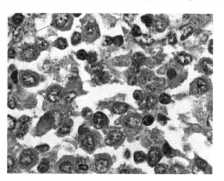

图 4-15 巨噬细胞(H. E. ×400)

富，呈淡红色，细胞核形态学特点与巨噬细胞相似，但数量较多，从数个到数十个不等。结核分枝杆菌性肉芽肿时，细胞核排列在细胞周边，或呈马蹄形，又称郎罕氏巨细胞(图4-16)；异物性肉芽肿时，细胞核不规则地分布在细胞浆中，也称异物巨细胞。

6. 浆细胞

浆细胞是由 B 细胞受抗原刺激后分化而来的，主要见于慢性炎症。浆细胞具有合成免疫球蛋白的能力。细胞呈球形、卵圆形或鸭梨形，较淋巴细胞略大。细胞浆丰富，略嗜碱性，核圆形，常偏于细胞一侧，核染色质致密呈辐射状排列(图4-17)。

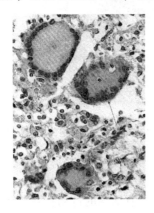 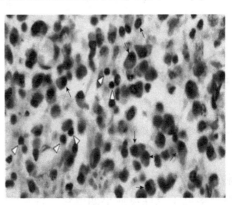

图4-16　郎罕氏巨细胞　　　图4-17　淋巴细胞和浆细胞(H.E.×400)
　　　(H.E.×400)　　　　　　白色三角箭头指示淋巴细胞，
　　　　　　　　　　　　　　　黑色箭头指示浆细胞

四、课堂作业

1. 绘制变质性炎症的主要组织病理变化图。
2. 绘制渗出性炎症的主要组织病理变化图。
3. 绘制增生性炎症的主要组织病理变化图。
4. 绘制几种主要炎性细胞示意图，并说明其在临床诊断中的意义。

五、思考题

1. 炎症包括哪些类型？
2. 简述渗出性炎的类型及病理变化特点。
3. 简述炎性细胞的特点，炎性细胞通常出现在什么样的病灶中？

实验四彩图

（王龙涛）

实验五　肿瘤的形态观察

一、实验目的与要求

1. 掌握肿瘤的分类。

2. 通过观察大体病理标本和病理组织切片，能够肉眼识别家畜常见肿瘤，并在镜检时可以进行鉴别。

3. 掌握和分析肿瘤的发生原因和机理、对机体的影响以及与临床病理的联系。

二、实验准备

1. 学生复习肿瘤等相关概念，对本实验涉及的大体病理标本和病理组织切片有初步认识，能够识别正常器官及组织形态结构。

2. 教师准备大体病理标本、显微镜和病理组织教学切片等。

三、实验内容

(一)良性肿瘤

良性肿瘤分化较好，异型性小，与原发组织形态相似，外形多呈结节状或乳头状。一般多呈突起性生长或膨胀性生长，周围常有完整包膜，对机体的影响较小，主要为压迫和阻塞。

1. 乳头状瘤

剖检：外形似乳头，突出于皮肤或皮肤型黏膜的表面，有时外表呈菜花状(图 5-1A)，质硬，如经常摩擦，可能出血或感染化脓。

镜检：被覆上皮的肿瘤细胞向外生长，被覆上皮增生，向表面呈乳头状生长，形成许多突起，每个突起的上皮组织和正常皮肤组织的结构差异不大，其表层细胞往往角化。突起的芯由纤维结缔组织组成，称为纤维结缔组织轴心(图 5-1B)。靠近纤维结缔组织轴心的是似基底细胞层，细胞排列较整齐，细胞核较小，向外是似棘细胞层，细胞和细胞核均比基底细胞大；再向外是似颗粒的颗粒细胞层；最外面是角质层(图 5-1C)。间质病理变化一般不明显，如有感染，则可见出血、坏死或炎性细胞浸润。

2. 纤维瘤

剖检：外观质硬、色白，包膜比较清楚，常呈大结节状或块状，似马铃薯(图 5-2A)。切面上可以看出每个瘤体的界限，仔细观察，能够分辨出瘤组织由一卷卷纤维束构成，犹如被水浸湿的蚕丝疙瘩。有时表面溃烂，有肉芽组织生长，呈菜花状。

镜检：可见大量分化程度高的纤维瘤细胞和数量不等的胶原纤维。纤维瘤细胞和胶原纤维常排列呈漩涡状或一束束地朝向同一方向纤维结缔组织呈条索状排列，结构致密(图 5-2B)。根据细胞与纤维的比例，可把纤维瘤分为软、硬两种类型：纤维多者称为硬纤维瘤，细胞成分多者称为软纤维瘤。纤维瘤的血管通常较少，有时在瘤组织中可见到黏液性病理变化区和炎性细胞。如伴有炎症过程，也仅限于肿瘤表面。

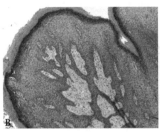
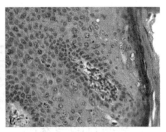

图 5-1　皮肤乳头状瘤

A. 皮肤表面形成乳头状突起，呈典型菜花状；B. H. E. ×100；C. H. E. ×400

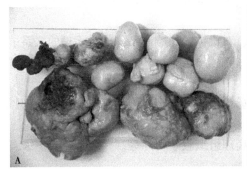
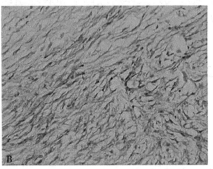

图 5-2　纤维瘤

A. 质地坚韧，呈团块状或结节状；B. H. E. ×400

3. 结肠息肉状腺瘤

剖检：结肠黏膜有多个大小不等的息肉状腺瘤。

镜检：腺瘤细胞增生，排列呈腺管状或实体状，毛细血管扩张，充满红细胞，可见多量炎性细胞浸润（图 5-3）。

4. 脂肪瘤

剖检：多呈球形、半球形、分叶状，或以细长根蒂悬垂于器官表面。肿瘤组织柔软，表面光滑，呈黄白色。

镜检：瘤组织和正常脂肪组织的构造相似，但是脂肪细胞的大小不等，有时见有脂肪母细胞，细胞浆内充满大小不等的中性脂肪滴。间质结缔组织将肿瘤组织分割为许多小叶，间质宽度不等，脂肪细胞中有钙盐沉着，称为钙皂（图 5-4）。

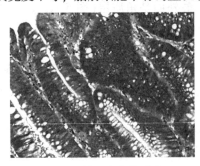
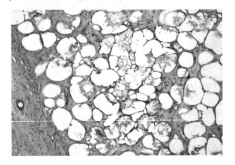

图 5-3　结肠息肉状腺瘤

（H. E. ×400）

图 5-4　脂肪瘤（H. E. ×400）

脂肪细胞大小不一，细胞浆中可见

淡蓝色钙盐物质沉着

(二)恶性肿瘤

恶性肿瘤分化程度低,异型性大,与原发组织形态差别较大。大多呈浸润性生长,一般无包膜,与周围组织分界不清,对机体的影响大,除压迫外,还可破坏组织,引起出血和合并感染。

1. 鳞状上皮细胞癌

剖检:可能只见局部组织弥漫性肿胀(有时呈结节状),或只见有局部出血、破溃、化脓。由于极似感染创,故易误诊为化脓性炎症,用抗感染药物治疗无效。如发生于牛第三眼睑,则眼睑突出如新生赘肉,因此,牛眼经常流泪。鳞状细胞癌的切面可见许多粟粒大发亮的灰白色小点。

镜检:癌细胞分化程度低,细胞大小不一致,有时尚可见核分裂象,癌巢之间为纤维结缔组织和血管,其间炎性细胞反应明显,有时出血(图5-5A)。癌细胞突破基底膜向深部组织生长,呈条状或块状(即癌巢)。癌巢中心的细胞常角化,故在H.E.染色时呈红色团块(即癌珠)(图5-5B)。

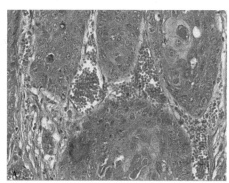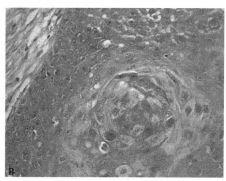

图5-5 鳞状上皮细胞癌(H.E.×400)

A. 鳞状上皮细胞癌巢;B. 鳞状上皮细胞癌癌珠

2. 结肠腺癌

剖检:肿瘤呈灰白色、坚实,常侵犯整个肠壁,使其增厚。

镜检:管形-黏液性结肠腺癌组织由大小不等、形状不规则的腺样结构和少量结缔组织构成,腺腔上皮呈单层或多层,腔中含有黏液、脱落的上皮及炎性细胞。腺癌细胞分化程度低,癌细胞异型性较大,癌细胞多构成无腺腔的不规则的细胞团块,其间为少量结缔组织(图5-6)。

3. 纤维肉瘤

剖检:纤维肉瘤与纤维瘤很难区分,不过纤维肉瘤的表面常有较严重的炎症、出血、溃疡和坏死。

镜检:纤维肉瘤细胞异型性较大,表现为细胞的大小、形状、染色性等都不完全一致,有时可以见到核分裂象。血管较多,常见一些炎性细胞。

4. 黑色素瘤

剖检:黑色素瘤呈结节状、疣状或弥漫性生长,转移灶多呈界限清晰的结节状。

镜检:瘤细胞含有大量黑色素,细胞浆呈暗褐色或黑色,细胞形态主要表现为圆形、梭形或多角形,有时有核分裂象(图5-7)。

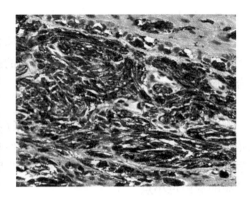

图 5-6　结肠腺癌（H. E. ×400）　　　图 5-7　恶性黑色素瘤（H. E. ×400）

四、课堂作业

1. 绘制高倍镜下乳头状瘤、纤维瘤和脂肪瘤的主要组织病理变化特点图。
2. 绘制高倍镜下鳞状上皮细胞癌和结肠腺癌的主要组织病理变化特点图。

五、思考题

1. 试述良性肿瘤与恶性肿瘤的病理形态特点。
2. 简述癌与肉瘤的区别。

实验五彩图

（黄　勇）

实验六　心血管系统病理观察

一、实验目的与要求

1. 掌握心内膜炎、心肌炎、心包炎和动脉炎的病理形态学特征。
2. 学会分析上述病理变化的发生原因和机理、对机体的影响以及与临床病理的联系。

二、实验准备

1. 学生能够识别正常器官及其组织形态结构，在复习理论课讲授的心内膜炎、心肌炎、心包炎和动脉炎概念的基础上，对本实验涉及的大体病理标本和病理组织切片有初步认识。
2. 教师准备大体病理标本、显微镜和病理组织教学切片等。

三、实验内容

(一)心内膜炎

心内膜炎发生时可根据病理变化外观不同，分为疣性心内膜炎和溃疡性心内膜炎，疣性心内膜炎主要表现为在心内膜形成大小不等的赘生物，溃疡性心内膜炎主要表现为心内膜缺损形成溃疡。

剖检：炎症初期，瓣膜表面出现形态不规则的淡黄色的坏死斑点，病灶如发生脓性分解可形成溃疡。溃疡面常附着血栓，周围有出血和炎性反应带，并有肉芽组织形成，使溃疡的边缘隆起于表面。病理变化严重时，可引起瓣膜穿孔、破裂，瓣膜和乳头肌损伤。

镜检：低倍镜下可见主要病理变化为心内膜的坏死，染色不均。坏死组织表面附着的血栓为均质淡染的无结构物质(图 6-1A)。

高倍镜下在坏死组织边缘可见中性粒细胞、巨噬细胞浸润以及肉芽组织增生。坏死组织中可见处于不同坏死阶段的脓细胞及细菌团块(图 6-1B)。

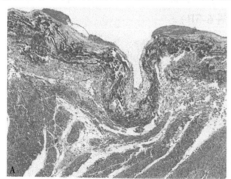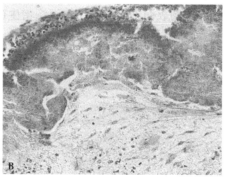

图 6-1　溃疡性心内膜炎(H. E. ×100，陈怀涛，2008)

A. 心内膜坏死，炎性细胞浸润，局部内皮脱落，表面附有少量血栓；B. 溃疡性心内膜炎
表面组织坏死，附有血栓和炎性细胞浸润，下部结缔组织增生

（二）心肌炎

发生心肌炎时，通常实质、间质均可发生，主要引起渗出性和增生性变化，有时还可见化脓性变化。

剖检： 心脏扩张，尤以右心室扩张明显。在心内外膜和切面上可见许多灰白色或灰黄色斑点状和条纹状病理变化。病理变化部位的心肌失去光泽，质地松软（图6-2A）。

镜检： 低倍镜下可见轻度实质性心肌炎，心肌纤维发生颗粒变性和脂肪变性。病理变化严重时在心肌纤维可见水泡变性、坏死，有时可见心肌纤维溶解、断裂和钙化。炎灶间质可见轻度充血、水肿（图6-2B）。

高倍镜下在变性坏死部位可见中性粒细胞、巨噬细胞和淋巴细胞浸润。若由寄生虫或变态反应所致，则可见较多的嗜酸性粒细胞。

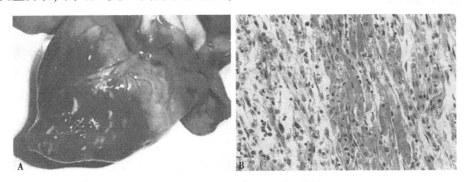

图6-2 实质性心肌炎（陈怀涛，2008）

A. 猪恶性口蹄疫（在心外膜上可见很多灰白色或灰黄色斑点和条纹状病变）；B. 心肌纤维变性、坏死，纤维间中性粒细胞和单核细胞浸润（H.E.×400）

（三）心包炎

心包炎发生时主要引起心包腔内有大量渗出，随着时间的延长，渗出物机化形成"绒毛心"，造成心包和心外膜粘连，严重时引起"盔甲心"。

剖检： 心包浑浊无光泽，厚薄不均，心包腔蓄积有大量污秽的浆液性、纤维素性、化脓性渗出物，心外膜被覆厚层污秽的纤维素性化脓性渗出物，呈"绒毛心"外观（图6-3A）。

镜检： 心外膜附着厚层炎症渗出物，在渗出的纤维素条索中有大量中性粒细胞和脓细胞浸润，渗出物表面不平整，结缔组织增生（图6-3B）。

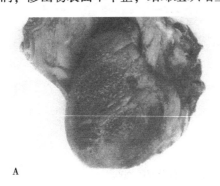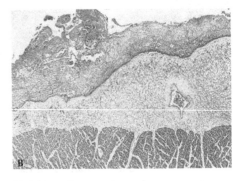

图6-3 心包炎（陈怀涛，2008）

A. 传染性心包炎；B. 牛创伤性心包炎（H.E.×40）

（四）动脉炎

动脉炎病理变化特点主要表现为血管内皮肿胀脱落、血管壁纤维素样变、炎症细胞浸润和结缔组织增生，在慢性炎症时，血管壁明显增厚。

剖检：动脉壁肥厚，有瘤样突起，管腔狭窄或扩张（图6-4A）。

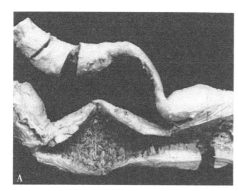
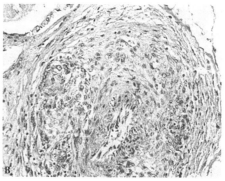

图6-4 慢性动脉炎（陈怀涛，2008）

A. 动脉壁局部因结缔组织增生而变厚、变粗，外观似动脉瘤，其内膜粗糙，有血栓形成并有虫体附着；

B. 慢性动脉炎，动脉中膜结缔组织明显增生，致使动脉壁增厚（H. E. A. ×400）

镜检：低倍镜下可见动脉固有结构紊乱，血管外膜和中膜明显增厚。高倍镜下可见动脉增厚部分主要为结缔组织增生，其中有大量淋巴细胞、浆细胞浸润（图6-4B）。

四、课堂作业

绘制高倍镜下实质性心肌炎病理变化部位组织的主要形态变化图，并描述其病理变化特点。

五、思考题

1. 简述心内膜炎的主要病理组织学特征。
2. 简述心包炎的主要病理组织学特征。

实验六彩图

（张勤文）

实验七　造血及免疫系统病理观察

一、实验目的与要求

1. 掌握浆液性淋巴结炎、出血性淋巴结炎、急性坏死性淋巴结炎和急性脾肿的病理变化特点。

2. 通过病理组织切片观察，认识浆液性淋巴结炎、出血性淋巴结炎、急性坏死性淋巴结炎、急性脾肿的病理组织形态学特征。

3. 学会分析上述病理变化的发生原因和机理、对机体的影响以及与临床病理的联系。

二、实验准备

1. 学生能够识别正常器官及组织形态结构，在学习骨髓炎、脾炎、淋巴结炎等相关概念的基础上，对本实验涉及的大体病理标本、病理组织切片有初步认识。

2. 教师准备大体病理标本、显微镜和病理组织教学切片等。

三、实验内容

(一)浆液性淋巴结炎

多发生于某些传染病的初期或某一器官或身体某一部位发生急性炎症时，其附近的淋巴结常发生浆液性淋巴结炎。

剖检：淋巴结肿大，质地柔软，呈潮红色或紫红色，切面湿润多汁，边缘隆起。

镜检：淋巴组织内血管扩张充血、出血，淋巴窦扩张，内含多量浆液，其中混有多量的巨噬细胞、淋巴细胞、中性粒细胞和数量不等的红细胞，随着炎症的发展，淋巴小结的生发中心明显增大，其外周淋巴细胞密集。

(二)出血性淋巴结炎

出血性淋巴结炎多由急性浆液性淋巴结炎发展而来，多伴发于较严重的败血型传染病和某些急性原虫病，如猪丹毒、猪瘟、利什曼原虫病、焦虫病等。

剖检：淋巴结肿大，表面呈弥漫性暗红色或黑红色，被膜紧张，质地变实，切面湿润并含有大量血液，呈暗红色与灰白色相间的大理石样外观(图7-1)。

镜检：淋巴组织充血、出血，特别是输入淋巴管和淋巴窦内有大量红细胞。出血严重时，淋巴液出现大量红细胞和一定量的中性粒细胞。淋巴小结也可见出血，并有浆液和炎性细胞浸润。

(三)坏死性淋巴结炎

坏死性淋巴结炎(necrotic lymphadenitis)是指淋巴结的实质发生坏死性变化为特征的炎症过程。例如，坏死杆菌病、炭疽、牛泰勒焦虫病、猪弓形虫病、猪副伤寒等。

　　剖检：淋巴结肿大，表面呈灰红色或暗红色，切面湿润、隆突、边缘外翻，散在灰白色或灰黄色坏死灶和暗红色出血灶，坏死灶周围组织充血、出血；淋巴结的被膜周围和周围结缔组织常呈胶冻样浸润。

　　镜检：坏死区淋巴组织结构破坏，细胞核崩解，呈蓝色颗粒状，并伴有充血、出血、中性粒细胞和巨噬细胞浸润等。淋巴窦扩张，充满大量巨噬细胞和红细胞，同时可见白细胞和组织坏死崩解产物，淋巴结周围组织明显水肿和白细胞浸润（图 7-2）。

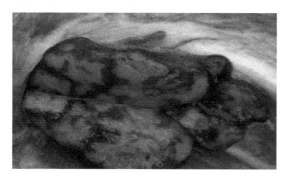 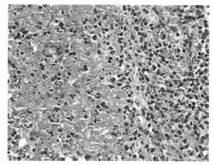

图 7-1　出血性淋巴结炎（James F et al.，2017）　　图 7-2　坏死性淋巴结炎（H. E. ×400）

（四）急性脾肿

　　急性脾肿多见于炭疽、急性猪丹毒、急性猪链球菌、急性猪副伤寒、急性马传染性贫血、锥虫病、焦虫病和一些败血症等。

　　剖检：脾脏体积不同程度肿大，一般为正常体积的 2～3 倍，被膜紧张，边缘钝圆，切口有血样液体流出，切面隆起并富有血液，明显肿大时犹如血肿，呈暗红色或黑红色，白髓和脾小梁纹理不清，脾髓质软，用刀轻刮切面，可刮下大量富含血液而软化的脾髓（图 7-3）。

　　镜检：可见脾髓内充盈大量红细胞，脾实质细胞（淋巴细胞、网状细胞）因弥漫性坏死、崩解而明显减少；白髓体积缩小，几乎完全消失，中央动脉周围残留少量淋巴细胞；红髓中固有的细胞成分大为减少（图 7-4），偶尔在被膜或小梁附近见到淋巴组织，脾脏含血量增多是其典型病理变化。被膜和小梁中的平滑肌、胶原纤维和弹性纤维肿胀、溶解，排列疏松。

 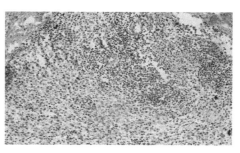

图 7-3　急性炎性脾肿大（James F　　　图 7-4　急性脾炎（H. E. ×400）
et al.，2017）

四、课堂作业

观察并描述出浆液性淋巴结炎、出血性淋巴结炎、坏死性淋巴结炎和急性脾肿的剖检和镜检病理变化。

五、思考题

实验七彩图

1. 简述淋巴结炎的分类和各种类型之间的区别。
2. 简述急性脾肿的剖检和镜检病理变化特点。

（苗丽娟）

实验八 呼吸系统病理观察

一、实验目的与要求

1. 掌握肺炎的概念、分类、发生原因、病理变化及其对机体的影响。
2. 通过观察大体病理标本和病理组织切片，认识支气管肺炎、纤维素性肺炎、间质性肺炎、肺脓肿、肺气肿、肺水肿的病理形态学特征。
3. 学会分析上述病理变化的发生原因和机理、对机体的影响以及与临床病理的联系。

二、实验准备

1. 学生在学习支气管肺炎、纤维素性肺炎、间质性肺炎、肺脓肿、肺气肿、肺水肿等相关概念的基础上，对本实验涉及的大体病理标本和病理组织切片有初步认识。
2. 教师准备大体病理标本、显微镜和病理组织教学切片等。

三、实验内容

(一)支气管肺炎

支气管肺炎又称小叶性肺炎，是指肺小叶范围内的肺泡及其支气管的急性浆液性炎症。多见于幼驹、幼犊、仔猪和各种年龄的羊，病畜表现咳嗽、发热(弛张热)、呼吸困难，肺部听诊可听到湿性罗音或捻发音，叩诊呈灶状浊音。大多是由细菌(如巴氏杆菌、化脓性棒状杆菌、猪嗜血杆菌、沙门菌、猪霍乱杆菌、马链球菌、马棒状杆菌、鼻疽杆菌等)感染所引起；外界条件不良(如冬季寒冷，空气不良等)和某些诱因(如春秋季的感冒、过劳、维生素 B 缺乏等)致机体抵抗力降低和局部屏障机能减弱时也可诱发该病。

剖检：马异物性支气管肺炎，肺切面的支气管内充满中药残渣等异物(空心箭头所指区域)，气管黏膜污秽粗糙(腐败性炎)。在支气管的周围肺组织中，有形态不规则的出血性肺炎病灶，肺组织其余部分呈现淤血(浅褐色，实心箭头所指区域)、肺泡性气肿(针尖大小的孔)及血管内充满凝血块等变化(图 8-1)。

镜检：低倍镜下可见肺泡壁轻度充血，肺泡腔有的空虚，有的充满浆液及数量不等的炎性细胞，支气管管腔内同样有炎性细胞浸润。间质略增宽，有纤维素、浆液及少量炎性细胞浸润。在发炎的肺泡之间，有气肿的肺泡群相间。

有的肺泡群(或支气管)腔内聚集中性粒细胞(实心箭头所指区域，图 8-2)。

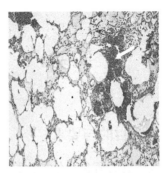

图 8-1 马异物性支气管肺炎   **图 8-2 支气管肺炎**

（ H. E. ×100 ）

（二）纤维素性肺炎

纤维素性肺炎是以支气管及肺泡内充满大量纤维素性渗出物为特征的急性炎症，由于这型炎症常可蔓延到肺脏的一个大叶甚至全肺及胸膜，故又有大叶性肺炎之称。该病临床特点是病畜发热(稽留热)、咳嗽，可见铁锈色鼻液。胸部叩诊呈大片浊音，听诊可闻及支气管呼吸音。在牛肺疫、猪肺疫、马传染性胸膜肺炎、马腺疫、炭疽等疾病过程中均可发生；此外，感冒、吸入刺激性气体、长途运输、不良厩舍条件等也可诱发本病的发生。

剖检：肺组织切面大部分为暗红色的红色肝变区(实心箭头所指区域)，部分肺小叶为灰黄色的灰色肝变区(空心箭头所指区域)，小叶间质内有串珠状出血灶，有的间质稍增宽，其间淋巴液淤滞(图 8-3A)。

镜检：低倍镜下可见所有肺泡与支气管腔内都充满了大量纤维素、炎性细胞或红细胞(空心箭头所指区域)，有些区域内因炎性细胞密集而发生溶解(实心箭头所指区域)，小叶内血管也充满纤维素(微血栓)，血管周围可见蓝色条带(菌落)，小叶间质因有少量纤维素浸润而略有扩张(图 8-3B)。

（三）间质性肺炎

间质性肺炎是指发生于肺泡壁、支气管周围、血管周围及小叶间质的炎症。常继发于支气管肺炎、纤维素性肺炎、慢性支气管炎、肺脏慢性淤血及胸膜炎等以及肺线虫、细

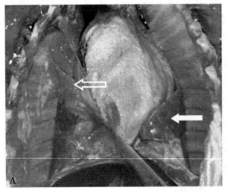

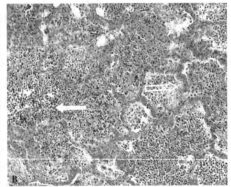

图 8-3 纤维素性出血性肺炎

A. 病变组织发生红色肝变和灰色肝变等病理变化，部分肺组织因淤血呈现暗红色(刘建钗)；

B. 病变组织的肺泡内充满纤维素炎性细胞、红细胞及部分菌落团块(H. E. ×100)

菌、病毒、霉形体等感染引起的疾病过程中。

镜检：低倍镜下，可见许多肺泡腔与支气管腔内有虫卵与虫体的断面（箭头所指区域），部分肺泡内有浆液。胸膜、小叶间质、支气管与血管周围以及肺泡中隔均有不同程度的慢性炎性细胞浸润与结缔组织增生，使之增宽或增厚。支气管周围与胸膜下淋巴组织滤泡状增生。有的支气管结构被虫体破坏（图8-4）。

（四）肺脓肿

肺脓肿是由于多种病因所引起的肺组织化脓性病变，早期为化脓性炎症，继而坏死形成脓肿。主要表现为肺脏因感染化脓性细菌而出现大小不等的化脓性病灶。化脓性细菌侵入肺脏主要通过上部呼吸道（多与支气管肺炎、纤维素性肺炎并发，所以称化脓性支气管肺炎或化脓性纤维素性肺炎）和经血液（由其他器官的化脓性病灶转移而来，故称转移性化脓性肺炎）转移等途径。

剖检：切面有多个黄白色化脓灶（箭头所指区域），呈腺泡性或小叶性外观。在大片化脓灶中央可见化脓性支气管炎病灶（图8-5）。

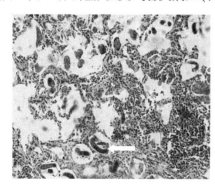
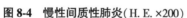

图8-4　慢性间质性肺炎（H.E.×200）

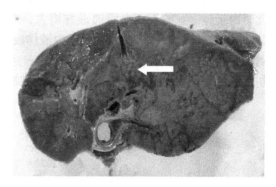

图8-5　猪化脓性支气管肺炎

镜检：低倍镜下，可见部分肺泡腔内充满淡粉色液体。肺组织内小血管扩张充血，充满大量红细胞。淋巴细胞聚集在部分细支气管周围，形成淋巴滤泡（箭头所指区域），压迫周围的肺泡，使肺泡体积缩小，呈条索状（图8-6）。

（五）肺气肿

肺气肿是指呼吸性细支气管、肺泡管、肺泡囊和肺泡因过度充气呈持久性过度扩张，并伴有肺泡间隔破坏，以致肺组织弹性减弱，容积增大的一种病理状态。常见于支气管和肺部疾病等的并发症、先天性 α_1-抗胰蛋白酶缺乏、巨噬细胞释放的蛋白酶水解肺组织、老年性的肺弹性减弱等疾病过程。

剖检：肺肿大，表面隆起，边缘钝圆，有淤血区（箭头所指区域）。切面可见肺泡腔扩张为针尖大小的孔。肺质地疏松、柔软，按压有捻发音（图8-7）。

镜检：低倍镜下可见口蹄疫时，由于继发性细菌呼吸道感染而引起急性支气管炎。支气管管腔内有不等的炎性细胞渗出，黏膜固有层有炎性细胞浸润。炎性细胞中以中性粒细胞为主，也见少量的巨噬细胞、淋巴样细胞。有的支气管周围的淋巴组织大量增生，形成滤泡（箭头所指区域），压迫周围肺泡发生萎陷。萎陷区的肺泡壁互相贴近，肺泡腔缩小呈狭长的平行缝隙，肺泡壁较厚（图8-8）。

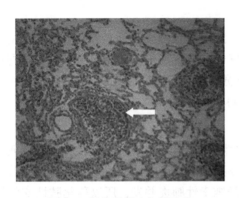

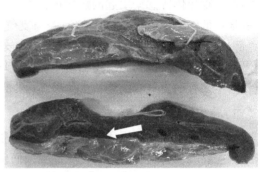

图 8-6　猪化脓性支气管肺炎

（H. E. ×100，刘建钗）

图 8-7　猪急性肺气肿

（六）肺水肿

肺水肿是指肺泡、支气管和小叶间质内蓄积多量浆液的现象。多继发于肺淤血等疾病，此时由于肺泡壁的毛细血管通透性增大，血液的液体成分可从血管中大量渗出到肺泡、肺间质和支气管内，因而使肺组织内液体成分逐渐增多而形成肺水肿。

剖检：肺脏肿大，质量增加，被膜紧张，边缘变厚，质地稍硬，颜色苍白。切口外翻，切面和气管内有无色或淡粉色液体流出，肺脏在水中呈半沉半浮状态（图 8-9）。

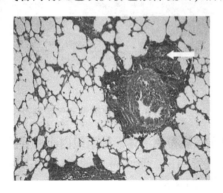

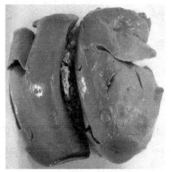

图 8-8　牛肺泡性气肿（口蹄疫）

（H. E. ×100）

图 8-9　肺水肿

四、课堂作业

绘制浆液性脓性支气管肺炎、纤维素性出血性肺炎和肺泡性气肿等病理组织结构图，并标注其主要病理变化。

五、思考题

1. 肺炎的分类有哪些？简述其主要病理特征。
2. 简述纤维素性肺炎的四个时期及其病理变化特征。

实验八彩图

（刘来珍）

实验九　消化系统病理观察

一、实验目的与要求

1. 掌握卡他性肠炎、出血性肠炎常见病因。
2. 通过观察大体病理标本和病理组织切片，认识卡他性肠炎、出血性肠炎的病理形态学特征。
3. 掌握肝炎、肝硬变的类型及病理形态学特征。
4. 学会分析上述病理变化的发生原因和机理、对机体的影响以及与临床病理的联系。

二、实验准备

1. 学生能够识别正常器官及组织形态结构，在复习肠炎、肝炎和肝硬变等相关概念的基础上，对本实验涉及的大体病理标本和病理组织切片有初步认识。
2. 教师准备大体病理标本、显微镜和病理组织教学切片等。

三、实验内容

(一)肠炎

肠炎(enteritis)是指肠管的某段或整个肠管炎症，根据渗出物性质和病理变化特点可分为急性肠炎和慢性肠炎。急性肠炎是指肠黏膜上皮细胞不同程度变性、坏死、脱落和炎性渗出为主的炎症。慢性肠炎包括慢性卡他性肠炎和慢性增生性肠炎。

1. 鸡沙门菌病

剖检：鸡白痢沙门菌病的发生与临床表现因日龄不同而有较大的差异。雏鸡白痢可见尸体瘦小，泄殖腔周围被粪便污染；育成鸡白痢的突出变化是肝脏肿大，质脆易破裂，肠道呈急性卡他性肠炎，肠黏膜以急性充血和浆液-黏液渗出为主要特征(图 9-1)；成年鸡最常见的病理变化在卵巢。鸡伤寒沙门菌主要发生于青年鸡和成年鸡，表现为肝淤血、肿大，呈青铜色或绿褐色，散在粟粒大灰白色坏死灶，肠黏膜呈出血性炎(图 9-2)。

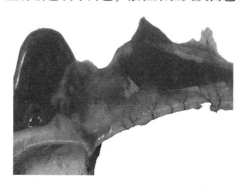

图 9-1　急性卡他性肠炎

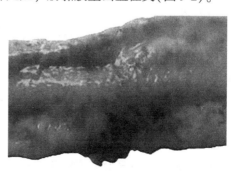

图 9-2　慢性卡他性肠炎

　　镜检：急性卡他性肠炎可见黏膜上皮变性、脱落，黏液分泌增多。黏膜固有层毛细血管扩张、充血，并有大量浆液渗出和大量中性粒细胞及数量不等的炎性细胞浸润。慢性卡他性肠炎可见黏膜上皮变性、脱落，常见到黏膜固有层和黏膜下层出血或增生，并伴有炎性渗出。

2. 鸡球虫病

　　剖检：柔嫩艾美耳球虫主要侵害盲肠，两侧盲肠显著肿大，可为正常的 3~5 倍，肠腔中充满凝固的或新鲜的暗红色血液，盲肠上皮变厚，有严重的糜烂，甚至坏死脱落（图 9-3）。毒害艾美耳球虫和巨型艾美耳球虫损害小肠中段，使肠壁扩张、增厚，有严重的坏死。哈氏艾美耳球虫损害小肠前段（如十二指肠），肠壁上出现大头针针头大小的出血点，黏膜有严重的出血。若多种球虫混合感染，整个肠管都出现病理变化。

图 9-3　鸡盲肠出血性肠炎

　　镜检：低倍镜下可见肠绒毛不同程度的破坏、脱落，黏膜表面附有上皮的碎屑、纤维素性渗出物，肠黏膜出血，血液充满肠腔，血中可见虫卵（图 9-4A）；高倍镜下在肠道固有膜和黏膜上皮内可观察到裂殖体、裂殖子或配子体（图 9-4B）。

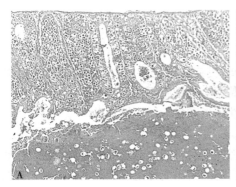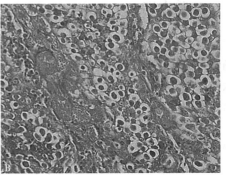

图 9-4　鸡球虫性肠炎
A. H. E. ×100；B. H. E. ×400

（二）肝炎

　　肝炎（hepatitis）是指肝脏的炎症，是畜禽的一种常见的肝脏病理变化。

1. 鸭病毒性肝炎

　　剖检：肝脏肿大，被膜紧张，质量增加，边缘钝圆，表面有大量的出血点和出血斑（图 9-5），呈暗红色或不同程度的黄染，质脆易破裂。部分鸭肝脏有刷状出血带。胆囊肿大、胆汁充盈。

　　镜检：肝小叶排列紊乱，小叶间组织和胆小管增生（图 9-6），胆汁滞留，有巨噬细胞和淋巴细胞浸润。中央静脉和窦状隙扩张、充血，可见以淋巴细胞为主的炎性细胞浸润。肝细胞发生颗粒变性、水泡变性和脂肪变性。部分肝细胞呈单个或不规则的岛屿状或团块状坏死。

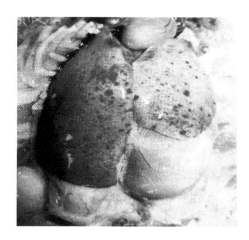

图 9-5　鸭病毒性肝炎(胡薛英，2002)
肝表面有大量的出血点和出血斑

图 9-6　小叶间组织和胆小管增生
(H. E.×200，胡薛英，2002)

2. 鸡肝脏脂肪变性

　　剖检：早期肝脏肿大，质地变软易碎，呈土黄色或红黄色(图 9-7)，切面结构模糊，有油腻感，有的甚至质脆如泥(图 9-8)。若在肝脂肪变性的同时伴有淤血，则在切面上，呈红黄色相间花纹状，称为槟榔肝。

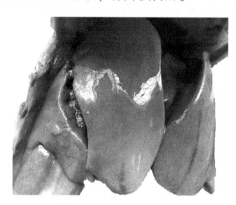

图 9-7　鸡肝脏脂肪变性引起的土黄色
肝脏肿大，黄染

图 9-8　鸡肝脏脂肪变性导致肝糜烂
肝脏肿大，质脆如泥

　　镜检：肝细胞内出现大小不等的空泡(石蜡切片)，脂变初期脂肪空泡较小，多见于核的周围(图 9-9)；以后小空泡融合成大空泡，较密集分布于整个细胞浆中，严重时可融合为一个大脂滴，核被挤压到一侧。如鸡发生脂肪肝综合征时，各肝小叶的肝细胞可普遍发生重度脂肪变性，已看不到正常肝细胞，肝细胞均呈大空泡状(图 9-10)。

　　(三)急性肝坏死

　　急性肝坏死(acute hepatic necrosis)是指肝脏的病理变化，以肝细胞坏死为主要特征。以兔急性肝坏死(兔球虫病)为例进行观察。

　　剖检：肝脏呈花斑样外观，肝实质和肝表面有许多白色或淡黄色结节，呈圆形，如粟粒大至豌豆大(图 9-11)，沿小胆管分布。后期胆囊肿大，并含有黄色脓液，胆囊黏膜有

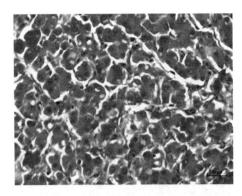

图 9-9 肝细胞脂肪变性初期空泡小
(H. E. ×400)

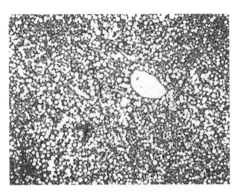

图 9-10 肝细胞脂肪变性空泡融合成
大空泡(H. E. ×100)

图 9-11 兔球虫性肝炎(焦海宏)
肝表面见多个结节

卡他性炎症，胆汁浓缩，内含许多崩解的上皮细胞。在慢性肝球虫病，胆管周围和小叶间结缔组织增生，使肝细胞萎缩，肝脏体积缩小。

镜检：急性肝坏死是急性寄生虫性肝炎的早期表现。肝球虫可引起肝细胞损伤和坏死，坏死灶的中心或边缘有虫卵或虫体以及组织碎屑，周围为凝固性坏死和嗜酸性细胞浸润为主的炎性反应(图 9-12)。肝脏组织可见卵囊结节，有的卵囊散在组织间隙，肝球虫卵囊为长卵圆形或椭圆形。随着感染时间的延长，胆管上皮明显增生，有时呈腺瘤结构。胆管壁及肝小叶间有大量结缔组织增生，包裹坏死灶或寄生虫结节，甚至可见孢子囊内的子孢子(图 9-13)。胆管黏膜有卡他性炎，胆汁浓稠，内含许多崩解的上皮细胞。

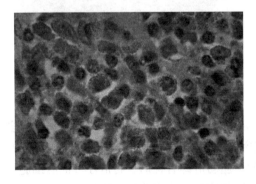

图 9-12 兔球虫病急性期(H. E. ×1 000)
嗜酸性粒细胞明显增多

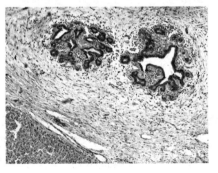

图 9-13 兔球虫病慢性期(H. E. ×200，
焦海宏)
胆管壁及结缔组织增生

(四)肝硬变

肝硬变(liver cirrhosis)是由多种原因引起的以肝组织严重损伤和结缔组织增生为特征的慢性肝脏疾病。肝脏细胞严重变性、坏死和间质结缔组织显著增生，使正常肝小叶结构被破坏和改建，肝脏质地变硬，故称为肝硬变。

以坏死性肝硬变为例进行观察。

剖检：肝脏体积缩小，质量减轻，质地较硬。肝的表面有大小不等的结节状突起。

镜检：肝组织局灶性坏死和大片坏死，肝正常结构消失，间质内结缔组织广泛增生形成假小叶（图 9-14）。当肝细胞坏死、溶解后，构成其支架的网状纤维则相互融合在一起而发生胶原化，残存的肝细胞集团也呈各种形态，如不规则形、圆形等。有时几个肝小叶同时坏死或消失，因此可见几个汇管区呈"集中"现象。

（五）鸡包涵体肝炎

鸡包涵体肝炎（chicken inclusion body hepatitis）是由禽腺病毒引起的一种急性传染病，该病以心包积液和肝脏损伤为主。

剖检：肝脏肿大，边缘变钝，颜色变浅，质地变脆，肝脏表面有点状出血，表面有弥散性灰白色病灶（图 9-15）。颜色变浅的肝脏呈黄色或淡褐色。病程较长时肝脏发生萎缩，呈暗红色（图 9-16）。

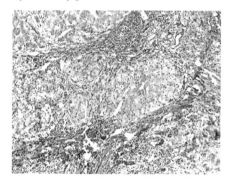

图 9-14 坏死性肝硬变（H. E. ×100）
间质内结缔组织广泛增生形成假小叶

图 9-15 肝脏肿大表面见弥散性
灰白色病灶

镜检：肝细胞发生不同程度的肿胀，可见若干核内嗜酸性或嗜碱性包涵体（图 9-17）。肝脏大量肝细胞脂肪变性，肝细胞内出现空泡，空泡将细胞核挤到一边，窦状隙变狭窄甚至闭塞，胆小管内有胆汁淤积。

图 9-16 肝脏发生萎缩色深质硬

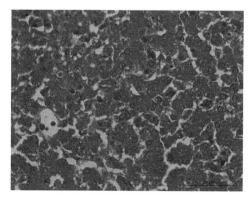

图 9-17 鸡肝细胞内包涵体（H. E. ×400，
崔国林）
鸡肝细胞细胞浆或细胞核内的包涵体

四、课堂作业

绘制鸡球虫病、鸭病毒性肝炎高倍镜下病理变化部位组织的主要形态变化图，并描述其病理变化。

五、思考题

1. 引起急性卡他性肠炎的原因有哪些？
2. 简述兔球虫感染引起的肝脏的剖检和镜检病理变化特征。
3. 简述肝炎的类型及其病理变化特征。
4. 简述出血性肠炎的剖检和镜检病理变化特征。

实验九彩图

（刘建钗）

实验十　泌尿系统病理观察

一、实验目的与要求

1. 掌握肾小球肾炎、间质性肾炎、化脓性肾炎的分类及其病理变化特点。

2. 通过观察大体病理标本和病理组织切片，认识急性肾小球肾炎、亚急性肾小球肾炎、膜性肾小球肾炎、慢性硬化性肾小球肾炎、急性弥散性间质性肾炎、栓子化脓性肾炎等的病理形态学特征。

3. 学会分析上述泌尿系统各种病理变化的原因和发生机理、对机体的影响以及与临床病理的联系。

二、实验准备

1. 学生复习肾小球肾炎、间质性肾炎、化脓性肾炎等相关概念。

2. 能够识别肾脏正常器官及组织形态结构；对本实验涉及的大体病理标本和病理组织变化特点有初步认识。

3. 教师准备大体病理标本、显微镜和病理组织教学切片等。

三、实验内容

(一)急性肾小球肾炎

急性肾小球肾炎是一种以肾小球、肾小囊的渗出和增生为主要病理变化的肾炎，以发病急、病程短为特点，常伴发于动物传染性疾病，如链球菌病、猪瘟等。

剖检：肾脏体积稍肿大，质地柔软，被膜紧张，容易剥离。表面及切面均可见针尖至小米大小的出血点。皮质由于炎性水肿而变宽，纹理模糊，与髓质分界清楚。

镜检：肾小球血管间质细胞（系膜细胞）和毛细血管内皮细胞增生、肿胀，炎性细胞浸润，造成肾小球细胞数量增多、体积增大（图10-1）。同时，肾小球还有一定程度的充血和出血；肾小囊中有少量红细胞，有时也可见炎性细胞和浆液。肾小管上皮细胞常发生颗粒变性、玻璃样变性和脂肪变性，肾小管管腔轻度扩张，内含肾小球滤过的蛋白、红细胞、白细胞和脱落的上皮细胞，形成透明管型或细胞管型；间质也可见充血、出血及炎性细胞浸润。

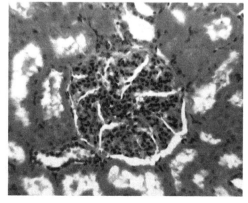

图10-1　急性肾小球肾炎(H. E. ×400，
陈怀涛，2008)

(二)亚急性肾小球肾炎

亚急性肾小球肾炎是介于急性与慢性肾小球肾炎之间的病理类型，可由急性肾小球肾炎转化而来，或由于病因作用较弱，疾病一开始就呈亚急性经过。

剖检：肾脏被膜紧张，易于剥离；肾脏肿胀、柔软，色泽苍白或灰黄，有"大白肾"之称；切面膨隆，皮质区增宽、苍白浑浊，与髓质分界明显。

镜检：突出变化是肾小囊壁的上皮细胞增生。在肾小囊壁层的上皮细胞增生堆积成层，呈新月形增厚，称为"新月体"；有时甚至呈环状包绕整个肾小囊壁层，可形成"环状体"(图10-2)。"新月体"主要由增生的肾小囊壁层上皮细胞和渗出的巨噬细胞组成，增生的细胞呈立方形或纺锤形，类似于纤维细胞。"新月体"的上皮细胞间可见纤维蛋白、中性粒细胞及红细胞。

(三)膜性肾小球肾炎

膜性肾小球性肾炎属于免疫复合物型肾小球性肾炎，其原因主要是外源性抗原(如某些病毒、血液原虫、药物等)和内源性抗原(如某些蛋白、肿瘤抗原等)长期反复刺激的结果。临床上常见于雌性动物子宫积脓、绵羊妊娠毒血症、犬糖尿病和病毒慢性感染等疾病。

剖检：肾脏体积肿大，色泽苍白，质地稍脆软。

镜检：突出变化是肾小球毛细血管壁明显增厚，呈均匀红染；肾小管上皮细胞有时可见颗粒变性、透明变性和脂肪变性(图10-3)。

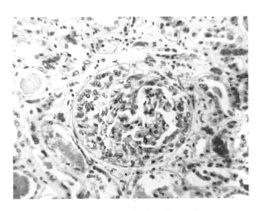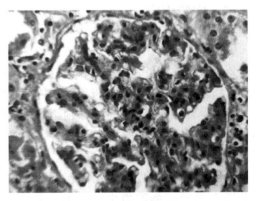

图10-2　亚急性肾小球肾炎
(H. E. ×400，陈怀涛，2008)

图10-3　膜性肾小球肾炎
(H. E. ×400，陈怀涛，2008)

(四)慢性硬化性肾小球肾炎

慢性硬化性肾小球肾炎是各类肾小球肾炎发展到晚期的一种病理类型，特征是两肾的肾单位弥散性受损，发生纤维化和瘢痕收缩，残留肾单位代偿性肥大。

剖检：两侧肾均缩小，苍白，质地变硬，表面凹凸不平，被膜粘连不易剥离。切面皮质变窄，纹理模糊不清，有时见微小的囊肿。

镜检：肾小囊壁因结缔组织增生而变厚；多数肾小球血管内皮细胞核消失，发生纤维化和玻璃样变，成为均质红染无结构的团块；肾小管萎缩、消失。萎缩部分的间质有明显的淋巴细胞浸润和结缔组织增生。增生的纤维疤痕压迫代偿的肾小管，部分代偿肾单位可发生梗阻，受梗阻的肾小管明显扩张，扩张的肾小管管腔内常有各种管型，间质纤维组织明显增生，并有大量淋巴细胞和浆细胞浸润(图10-4)。

(五)急性弥散性间质性肾炎

急性弥散性间质性肾炎是以肾间质水肿，并伴有淋巴细胞和巨噬细胞浸润为主要特征的肾炎。急性弥散性间质性肾炎最常见的病因是钩端螺旋体感染。

剖检：肾轻度肿大，被膜紧张易剥离；表面普遍呈灰白色或苍白色，有时伴有出血斑；切面间质明显增厚。表面和切面均可见有弥散分布的灰白色斑纹，灰白色斑纹病灶与周围组织分界不明显。

镜检：病理变化主要集中在肾间质内，间质小血管扩张充血，肾小管间、肾小管和肾小球距离增宽，浸润的炎性细胞主要以淋巴细胞为主，也有数量不等的巨噬细胞、浆细胞，有时可见少量的中性粒细胞。肾小管上皮细胞变性甚至坏死、消失，管腔内有细胞管型和蛋白管型(图10-5)。

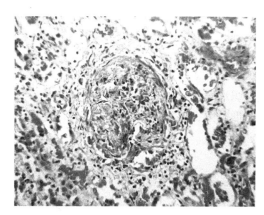

图 10-4 慢性硬化性肾小球肾炎
（H. E. ×400, 陈怀涛，2008）

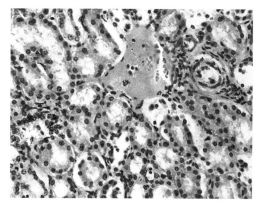

图 10-5 急性弥散性间质性肾炎
（H. E. ×400）

(六)栓子化脓性肾炎

栓子化脓性肾炎是化脓性栓子经血源性散播引起肾实质的炎症，又称血源性化脓性肾炎，其特征性病理变化是肾脏形成多发性脓肿。

剖检：双侧肾肿大、柔软，被膜易剥离，皮质内散布许多小的含有脓汁的灰黄色病灶，病灶周围有鲜红色或暗红色的炎性反应带，小脓灶如粟粒或米粒大小，较大的脓肿常突起于肾表面，脓肿破溃可引起肾周围组织的化脓性炎，病灶可逐渐融合、扩大或沿血管形成密集的化脓灶(图10-6A)。

镜检：肾小球毛细血管及肾小管间的小血管内可见细菌团块形成的栓塞，其周围有大量中性粒细胞浸润，化脓反应可逐渐扩散至整个肾小体；病灶周围肾小管上皮细胞出现变性、坏死，脱落至管腔；肾组织中有大量中性粒细胞浸润(图10-6B)。

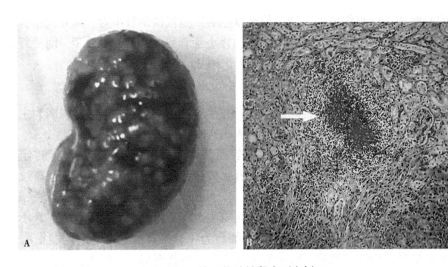

图 10-6　栓子化脓性肾炎(刘建钗)

A. 肾脏表面有大量小脓肿，甚至融合成片；B. 肾脏组织中有大块念珠菌菌丝

(箭头)和中性粒细胞(PAS ×400)

四、课堂作业

1. 绘制高倍镜下急性肾小球肾炎的病理组织形态图，并描述其主要病理变化特点。
2. 绘制高倍镜下亚急性肾小球肾炎的病理组织形态图，并描述其主要病理变化特点。
3. 绘制高倍镜下栓子化脓性肾炎的病理组织形态图，并描述其主要病理变化特点。

五、思考题

1. 简述膜性增生性肾小球肾炎的病理变化特征。
2. 简述慢性弥散性间质性肾炎的病理变化特征。
3. 简述肾盂肾炎的病因和发生机理。

实验十彩图

(张东超)

实验十一　生殖系统病理观察

一、实验目的与要求

1. 掌握子宫内膜炎、乳腺炎的概念和发生机理。
2. 通过观察大体病理标本和病理组织切片，认识子宫内膜炎和乳腺炎的病理形态学特征。
3. 学会分析上述病理变化的发生原因和机理、对机体的影响以及与临床病理的联系。

二、实验准备

1. 熟悉动物子宫和乳腺的基本组织结构，复习子宫内膜炎和乳腺炎等的相关概念。
2. 学生对本实验涉及的大体病理标本和病理组织切片有初步认识。
3. 教师准备大体病理标本、显微镜和病理组织教学切片等。

三、实验内容

（一）子宫内膜炎

子宫内膜炎是由多种原因引起的，主要波及子宫内膜的炎症。本病多见于分娩后，是母畜特别是母牛的常见病，也是导致母畜不孕的重要原因之一。

1. 卡他性子宫内膜炎

剖检：发生卡他性子宫内膜炎时，子宫腔内出现大量浆液性渗出物。此外，子宫内膜充血肿胀，严重时伴有出血。慢性卡他性子宫内膜炎可见子宫壁增生肥厚。

镜检：子宫黏膜毛细血管高度充血，并伴有出血。黏膜表层子宫腺管周围有明显的水肿和中性粒细胞、巨噬细胞和淋巴细胞浸润（图 11-1），部分可见坏死、脱落的组织细胞。

2. 纤维素性子宫内膜炎

剖检：发生纤维素性子宫内膜炎时，病理变化处覆盖有一层易剥离或者游离的纤维素性假膜。当出现组织坏死后，坏死组织与纤维素性假膜结合紧密不易剥离，强行剥离易出血，纤维素性假膜脱落后会造成组织缺损，脱落的假膜可积聚于子宫腔内。

镜检：子宫黏膜上附有大量纤维素性渗出物，黏膜上皮细胞坏死，黏膜固有层可见大量中性粒细胞浸润，也可见少量巨噬细胞和淋巴细胞（图 11-2）。当病理变化严重时，可见大量坏死细胞及炎性细胞浸润。

3. 化脓性子宫内膜炎

剖检：当发生化脓性炎症时，病理变化组织处可见大量的脓性渗出物。根据感染的细菌不同，脓液呈黄色、黄绿色和红褐色等不同颜色，性状分为稀薄、黏稠和干酪样等。病理变化严重时，易造成子宫蓄脓，引起子宫扩张，触摸子宫有波动感（图 11-3）。

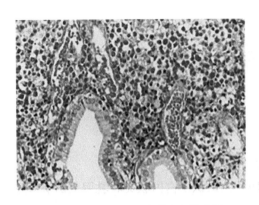

图 11-1　卡他性子宫内膜炎中的炎性
细胞浸润(H.E.×400，王靖萱，2022)
固有层腺体扩张，可见大量炎性细胞浸润

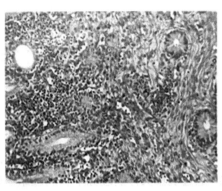

图 11-2　纤维素性子宫内膜炎中的
纤维素性渗出物及炎性细胞浸润
(H.E.×200，赵德明，2015)

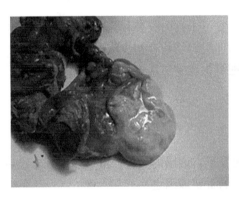

图 11-3　化脓性子宫内膜炎(兔巴氏
杆菌病，韦强，2018)
子宫蓄脓，黏膜表面附有大量灰黄色黏稠脓液

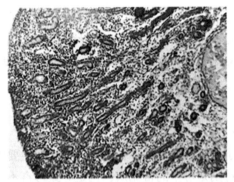

图 11-4　牛急性化脓性子宫内膜炎
(H.E.×100，刘宝岩，1990)
子宫黏膜处血管充血，有大量中性粒细胞浸润

镜检：病理变化组织黏膜毛细血管充血，黏膜内有大量中性粒细胞浸润，且浸润的细胞多坏死溶解(图 11-4)。此外，还可以见到成纤维细胞增生。

(二)乳腺炎

乳腺炎是由多种病原微生物引起的乳腺炎症，可见于各种哺乳动物，临床上以奶牛、奶山羊多发。乳腺炎会给奶牛业造成巨大经济损失，具有重要的公共卫生意义。

1. 急性乳腺炎

镜检：低倍镜下可见乳腺组织结构不清晰，乳腺上皮细胞肿胀、变性，排列疏松，腺泡腔内有均质但带有空泡(脂肪滴)的渗出物，其间混有少数脱落的上皮细胞和中性粒细胞(图 11-5A)。

高倍镜下可见腺泡上皮颗粒变性、脂肪变性和脱落。间质(小叶间及腺泡间)有明显的炎性水肿、血管充血和少量中性粒细胞浸润(图 11-5B)。

2. 慢性乳腺炎

镜检：低倍镜下可见增生的结缔组织纤维化，腺泡、输乳管和乳池被牵引而显著扩

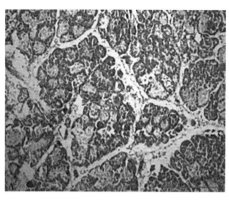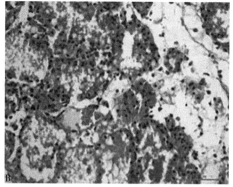

图 11-5 急性乳腺炎（H. E. ×100，解颖颖，2017）
A. 腺泡腔内乳汁减少呈絮状，其间散在有脱落的上皮细胞；B. 腺泡间散在
较多红细胞，小叶间、腺泡腔内可见少量的中性粒细胞浸润

张，上皮继发性萎缩，或化生为鳞状上皮。

高倍镜下腺泡腔内可见含空泡（脂肪滴）的均质渗出物，渗出物中混有中性粒细胞和脱落的上皮细胞，输乳管及乳池内也有同样的渗出物；间质水肿及中性粒细胞、巨噬细胞浸润（图 11-6）。后期病灶内中性粒细胞减少，变为以淋巴细胞、浆细胞浸润为主，并有成纤维细胞增生。

3. 化脓性乳腺炎

镜检：低倍镜下可见腺细胞多变性、坏死、消失，部分残存的腺腔扩张，其内常充斥中性粒细胞及细胞崩解产物。

高倍镜下可见黏膜内有大量中性粒细胞，浸润的细胞与黏膜组织多坏死溶解（图 11-7）。黏膜固有层及黏膜下层也见上述炎性细胞浸润以及成纤维细胞增生。

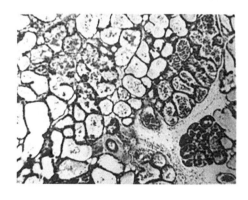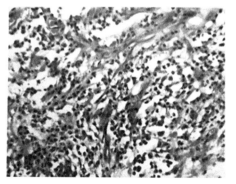

图 11-6 小鼠慢性乳腺炎（H. E. ×100，
赵德明，2015）
腺泡腔内可见含中性粒细胞等的渗出物，
间质血管扩张充血，组织水肿

图 11-7 化脓性乳腺炎中的炎性细胞浸润
（H. E. ×400，赵德明，2015）

四、课堂作业

1. 绘制卡他性子宫内膜炎的主要组织病理学变化图。

2. 绘制急性乳腺炎的主要组织病理学变化图。

五、思考题

1. 子宫内膜炎的常见类型及发生原因是什么？
2. 简述常见 3 种类型乳腺炎的发生原因和病理变化特点。

实验十一彩图

（李　宁）

实验十二　内分泌系统病理观察

一、实验目的与要求

1. 掌握甲状腺疾病的类型。
2. 通过观察大体病理标本和病理组织切片，认识甲状腺疾病的病理形态学特征。
3. 学会分析甲状腺疾病的发生原因和机理、对机体的影响以及与临床病理的联系。

二、实验准备

1. 熟悉正常甲状腺的形态结构及其功能，掌握甲状腺疾病的类型。
2. 学生对本实验涉及的大体病理标本和病理组织切片有初步认识。
3. 教师准备大体病理标本、显微镜和病理组织教学切片等。

三、实验内容

(一) 甲状腺肿

甲状腺肿(goiter)是由于缺碘或某些致甲状腺肿因子所引起的甲状腺非肿瘤性增生性疾病。可分为弥散性非毒性甲状腺肿和弥散性毒性甲状腺肿。

1. 弥散性非毒性甲状腺肿

(1)增生期(又称弥散性增生性甲状腺肿)

剖检：甲状腺显著肿大，常呈对称性肿大，表面和切面无结节(图 12-1)。

镜检：滤泡上皮细胞轻度或极度增生，细胞多呈高柱状还有许多收缩变小的滤泡，滤泡腔内含有淡粉色的胶体，靠近滤泡细胞处有大量的内吞小泡(图 12-2)。

(2)胶质贮积期

剖检：甲状腺弥散性肿大，表面和切面均无结节，色泽淡红，切面隆突，质地较均

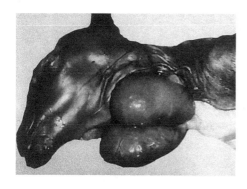

图 12-1　山羊弥散性增生性甲状腺肿
(O. Hedstrom，2015)

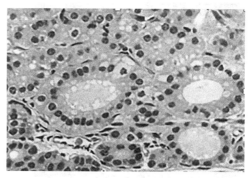

图 12-2　弥散性增生性甲状腺肿(H. E. ×100,
B. Harmon *et al.*，2015)

匀，间质不明显，可见有大小不等呈扩张状的胶质小囊。

镜检：滤泡腔扩张呈大小不等的囊状，内含大量胶状物，上皮细胞受压变扁平（图 12-3）。

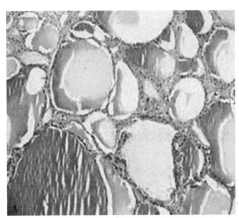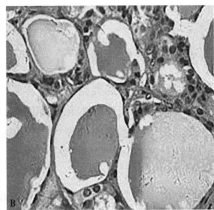

图 12-3 弥散性胶样甲状腺肿

A. H. E. ×100；B. H. E. ×400

（3）结节期（又称结节性甲状腺肿）

剖检：甲状腺结节状肿大，无完整包膜，切面可见出血、坏死、囊性变、钙化等继发改变（图 12-4）。

镜检：大滤泡上皮扁平多胶质，小滤泡上皮呈矮柱状或形成假乳头，间质纤维组织增生，间隔包绕形成结节，无完整包膜，与甲状腺组织有明显的界限。

2. 弥散性毒性甲状腺肿

剖检：甲状腺呈弥散性肿大，一般为正常的 2～3 倍，两侧对称，不呈结节状。切面较致密，多呈灰白色（胶质丧失，上皮增生所致）。小叶结构清晰可辨，不见结缔组织增生。

镜检：滤泡内胶质丧失，或仅见少量染色极淡的胶质。在上皮细胞与胶质之间，可见大量排列成行的空泡，称为胶质吸收。滤泡上皮变为高柱状，并向腔内生长，形成乳头体（图 12-5）。细胞核肥大，位于细胞基底部。间质充血，淋巴细胞增生。

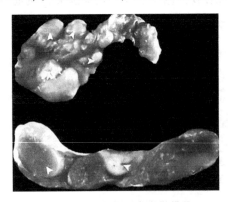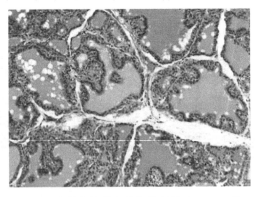

图 12-4 猫结节性甲状腺肿（箭头）　　图 12-5 弥散性毒性甲状腺肿（H. E. ×100）

（C. Capen，2015）

（二）甲状腺肿瘤

1. 甲状腺腺瘤

剖检：腺瘤体积小，呈结节状，白色至黄褐色，外有完整的结缔组织包膜。切面多为实性，暗红色或棕黄色，囊性变、钙化或纤维化（图12-6）。

镜检：根据腺瘤的组织学形态，可分为以下类型。

（1）胚胎型腺瘤（embryonal adenoma）

胚胎型腺瘤又称梁状或实性腺瘤（trabecular and solid adenoma），瘤细胞小，分化好，大小较一致，多呈立方形，呈片块状或条索状排列；偶见不完整的小滤泡，无胶质，间质疏松呈水肿状。

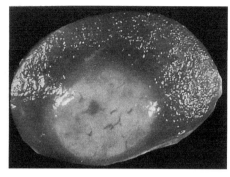

图12-6 甲状腺腺瘤
甲状腺中有一膨大的黄白色囊状肿瘤，由完整的结缔组织包裹，与正常组织界限明显

（2）胎儿型腺瘤（fetal adenoma）

胎儿型腺瘤又称小滤泡型腺瘤（microfollicular adenoma），是较常见且分化较好的滤泡性腺瘤，主要由小而一致的许多小滤泡构成，滤泡上皮呈立方状，似胎儿甲状腺组织，间质水肿，黏液样。此型腺瘤易出血、液化或形成囊肿，又称囊腺瘤。

（3）大滤泡型腺瘤（macrofollicular adenoma）

大滤泡型腺瘤又称胶样型腺瘤（coloid adenoma），由充满胶样物而呈高度扩张的大滤泡组成，常见广泛的出血和滤泡上皮细胞脱落（图12-7）。

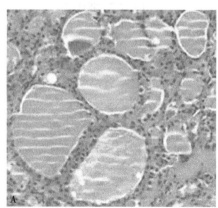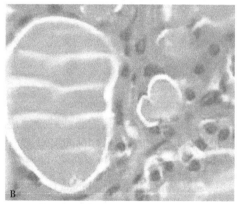

图12-7 大滤泡型腺瘤
A. H. E. ×100；B. H. E. ×400

（4）单纯型腺瘤（simple adenoma）

单纯型腺瘤中滤泡的大小和形状与正常甲状腺的相似。

（5）嗜酸细胞型腺瘤（acidophilic cell type adenoma）

嗜酸细胞型腺瘤又称许特莱细胞腺瘤，较少见，瘤细胞体积大，内含嗜酸性颗粒，呈小梁状或条索状。

（6）非典型腺瘤（atypical adenoma）

非典型腺瘤的瘤细胞丰富，生长活跃，有轻度非典型增生。瘤细胞排列呈巢状或索状，间质少。

2. 甲状腺癌

剖检：多为实性肿块，呈灰白色、淡粉红色或红褐色，胶样物含量少，包膜多不完整，质地较硬(图12-8)，常浸润周围组织，伴有出血、坏死、钙化及囊性变。乳头状腺癌可形成囊腔，常见乳头状突起。

镜检：根据生长特性和分化程度可分为以下类型。

(1)滤泡癌(follicular adenocarcinoma)

滤泡癌具有滤泡结构特征(图12-9)，可见不同分化程度的滤泡，高分化者与增生活跃的腺瘤相似，需根据肿瘤包膜、血管侵袭、转移等加以鉴别。分化差的滤泡癌呈实性巢片状，癌细胞异型性明显，滤泡少而不完整。

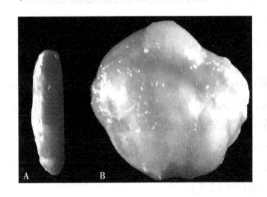

图 12-8 犬甲状腺(W. Crowell
et al.，2015)
A. 正常的甲状腺；B. 甲状腺癌

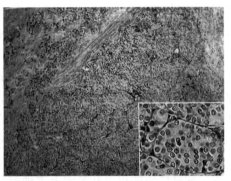

图 12-9 滤泡癌
仍具有滤泡结构，肿瘤入侵到甲状腺
被膜内(左上方，H. E. ×50)；
插图：甲状腺癌细胞(H. E. ×400，W. Crowell
et al.，2015)

(2)髓样癌(medullary carcinoma)

髓样癌是来源滤泡旁细胞的恶性肿瘤。癌细胞形态多样，呈圆形、多角形或梭形，大小一致，染色质少。瘤细胞呈实体巢片状或乳头状、滤泡状排列，间质常有淀粉样物质和钙盐沉着。

(3)乳头状癌(papillary carcinoma)

乳头状癌多见于人类，动物少见。癌组织由具有多级分支的乳头状结构组成，在乳头的顶部癌细胞发生坏死和透明变性，常因钙盐沉着而形成砂粒体，砂粒体是甲状腺癌的证病性特征。

(4)未分化癌(undifferentiated carcinoma)

未分化癌较少见，恶性程度高，生长快。瘤细胞大小、形态、染色深浅不一，核分裂象多见，可分为小细胞型、梭形细胞型、巨细胞型和混合细胞型。

四、课堂作业

1. 绘制弥散性非毒性甲状腺肿的主要组织病理变化特点图。
2. 绘制弥散性毒性甲状腺肿的主要组织病理变化特点图。

五、思考题

1. 如何区分弥散性非毒性甲状腺肿与弥散性毒性甲状腺肿？
2. 甲状腺腺瘤有哪些类型？
3. 甲状腺癌的病理变化包括哪些？

实验十二彩图

（常灵竹）

实验十三　神经系统病理观察

一、实验目的与要求

1. 掌握化脓性脑炎和非化脓性脑炎的病理变化特点。
2. 通过病理组织切片观察，认识化脓性脑炎和非化脓性脑炎的病理组织形态学特征。
3. 学会分析化脓性脑炎和非化脓性脑炎的发生原因和机理、对机体的影响以及与临床病理的联系。

二、实验准备

1. 熟悉脑组织的正常形态结构，掌握化脓性脑炎和非化脓性脑炎等相关概念。
2. 学生对本实验涉及的大体病理标本和病理组织切片有初步认识。
3. 教师准备大体病理标本、显微镜和病理组织教学切片等。

三、实验内容

（一）化脓性脑炎

化脓性脑炎（suppurative encephalitis）是指脑组织由于化脓菌感染引起的以大量中性粒细胞渗出，局部脑组织发生液化性坏死形成脓肿为特征的炎症。引起化脓性脑炎的病原主要是细菌，如葡萄球菌、链球菌、棒状杆菌、化脓放线菌、巴氏杆菌、李氏杆菌和大肠埃希菌等，主要来自血源性感染或直接蔓延感染。

剖检：脑组织中有灰黄色或灰白色化脓灶，其周围有一薄层囊壁，内为脓液，按压有波动感。蛛网膜和脑软膜充血浑浊，蛛网膜腔内有脓性渗出物。血源性感染引起的大脑脓肿一般始于灰质，并可向白质蔓延，在白质沿神经纤维束扩散而形成卫星脓肿；直接蔓延感染以孤立性脓肿多见。

镜检：神经组织局灶性坏死、液化，边缘分界不清，周围脑组织疏松水肿并有中性粒细胞浸润，外围是增生的小胶质细胞和充血形成的炎性反应带。随着病程发展，渗出的中性粒细胞崩解破碎，局部形成化脓性软化灶，其周围逐渐形成包囊。在囊壁内层有小胶质细胞吞噬坏死崩解细胞碎片后形成的泡沫细胞，外层为胶原纤维层，其间也见泡沫细胞。化脓性脑炎时，脑膜中可见中性粒细胞、脓细胞和纤维素性渗出（图13-1）。

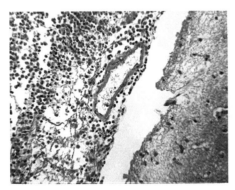

图 13-1　化脓性脑炎（H. E. ×400，陈怀涛，2008）

脑膜中有大量中性粒细胞、脓细胞和纤维素性渗出，血管扩张充血

（二）非化脓性脑炎

非化脓性脑炎（nonsuppurative encephalitis）是指脑组织炎症过程中渗出的炎性细胞，以淋巴细胞、浆细胞和单核细胞为主，不引起脑组织的分解和破坏，而无化脓的炎症过程。多种病毒均可引起非化脓性脑炎。嗜神经性病毒，如狂犬病病毒、猪血凝脑脊髓炎病毒、禽脑脊髓炎病毒、日本脑炎病毒等；泛嗜性病毒，如伪狂犬病病毒、猪繁殖与呼吸综合征病毒、猪瘟病毒、非洲猪瘟病毒、猪传染性水疱病病毒、马传染性贫血病毒、牛恶性卡他热病毒、鸡新城疫病毒等。

剖检：脑膜充血、水肿，脑沟变浅，脑回变平；脑软膜及脑实质可见细小出血点。

镜检：非化脓性脑炎的基本病理变化为神经细胞变性和坏死，胶质细胞增生以及血管反应等。

神经细胞变性和坏死：神经细胞变性时，表现为肿胀或皱缩。肿胀的神经细胞体积增大，淡染，核肿大或消失；皱缩的神经细胞体积缩小，深染，核皱缩或细胞核与细胞浆界限不清。变性的神经细胞有时出现中央或周边染色质溶解现象。严重时，变性的神经细胞发生坏死，并溶解液化，在局部形成软化灶（图 13-2A）。

胶质细胞增生：非化脓性脑炎过程中以胶质细胞增生为主，多呈弥散性或局灶性。增生灶中常混有淋巴细胞及少数浆细胞。在早期，主要是小胶质细胞增生，围绕并吞噬坏死的神经组织，发生卫星现象或噬神经元现象（图 13-2B）；在后期，主要是星形胶质细胞增生，进而修复损伤组织。此外，在一些病毒性非化脓性脑炎中，可在其神经细胞、星形胶质细胞、小胶质细胞和其他间叶细胞中发现包涵体。这种包涵体可以是细胞浆性、细胞核性或细胞浆与细胞核性，以嗜酸性反应多见。

血管反应：主要表现为中枢神经系统出现不同程度的充血和围管性细胞浸润。浸润的细胞主要为淋巴细胞，同时也有数量不等的浆细胞和单核细胞等，它们在血管周围间隙中聚集，包围形成 1~10 层的管套，即"血管套"（图 13-2C）。

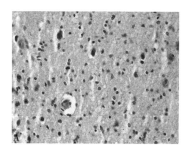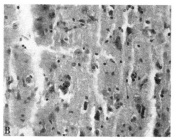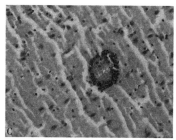

图 13-2　非化脓性脑炎（H. E. ×400）
A. 血管周隙扩张水肿，神经细胞变性，胶质细胞增生；B. 噬神经元现象；C. "血管套"

四、课堂作业

1. 绘制显微镜下非化脓性脑炎的主要组织病理变化图。
2. 绘制显微镜下化脓性脑炎的主要组织病理变化图。

五、思考题

实验十三彩图

1. 简述化脓性脑炎的病理组织学特征。
2. 简述"血管套"和"卫星现象"的病理形态特征。

（金天明）

实验十四　骨骼与皮肤病理观察

一、实验目的与要求

1. 掌握常见运动系统病理变化和皮肤黏膜病理变化的基本特征。

2. 观察大体病理标本和病理组织切片，认识禽病毒性关节炎、纤维性骨营养不良、口蹄疫和羊痘等特异性病理变化部位及其病理组织形态学特征。

3. 分析常见运动系统病理变化和皮肤黏膜病理变化的发生原因和机理、对机体的影响以及与临床病理的联系。

二、实验准备

1. 学生预习运动系统病理变化和皮肤黏膜病理变化的病理组织学变化特点。

2. 学生复习皮肤与骨骼组织的正常形态结构；对本实验涉及的大体病理标本和病理组织切片有初步认识。

3. 教师准备大体病理标本、显微镜和病理组织教学切片等。

三、实验内容

(一)运动系统病理

运动系统病理是研究运动系统(包括骨骼、关节和肌肉等)疾病的发生原因和机理、病理变化、结局和转归，主要疾病包括骨骼疾病、关节疾病、肌肉疾病及软组织疾病等。

1. 禽病毒性关节炎

剖检：病鸡跗关节处肌腱出血、坏死(图 14-1A)，腱鞘水肿(图 14-1B)，关节软骨及附近骨组织糜烂(图 14-1C)，关节腔内有大量脓性黏液及干酪样渗出物(图 14-1D)。

2. 纤维性骨营养不良

剖检：全身骨骼表现为不同程度的骨质疏松、肿胀和变形，骨膜增厚且不易剥离，切面疏松状尤为明显，骨质质量减轻，硬度降低。

镜检：骨板中的骨细胞肿胀、变性和坏死，骨质受到破坏，并被血管周围增生的结缔组织取代。松质骨骨小梁变细，骨髓腔因结缔组织增生而变窄或被取代(图 14-2)。

(二)皮肤黏膜病理

动物皮肤黏膜病理变化通常由病毒、细菌、寄生虫、真菌等感染引起的，如口蹄疫病毒、水疱病毒、痘病毒、葡萄球菌等。

1. 口蹄疫

剖检：唇内面、齿龈、舌面和颊部黏膜上发生蚕豆至核桃大的水疱，部分水疱破裂形成溃疡。趾间和蹄冠皮肤出现水疱、结痂，严重时导致病畜蹄壳脱落。乳头常出现

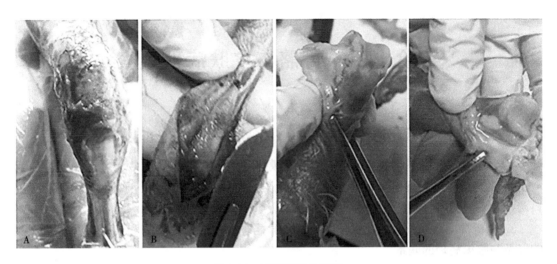

图 14-1　鸡病毒性关节炎

水疱、烂斑。

　　镜检：口腔黏膜、鼻镜、乳房和蹄部上皮细胞水泡变性、坏死、脱落，舌黏膜上皮细胞坏死，呈无结构红色，深部有炎性细胞浸润（图 14-3），部分病理变化为上皮细胞细胞浆中有嗜酸性包涵体（图 14-4）。

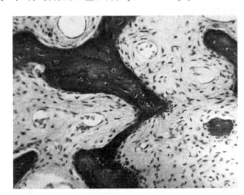

图 14-2　骨纤维化（H. E. A. ×400，
陈怀涛，2008）

图 14-3　坏死性舌炎（H. E. ×200，陈怀涛，2008）

　　2. 痘病

　　剖检：鼻腔、嘴唇、舌面、咽喉、气管及支气管等黏膜处都会出现痘疹创面和溃疡病灶。痘疹见于无毛或少毛的皮肤部位，如眼睑、鼻翼、阴囊、包皮、乳房、腿内侧、尾腹侧和肛门周围等处。随病程发展，先后出现斑疹、丘疹，隆起于皮肤表面，质地硬实，周围有红晕。

　　镜检：痘病毒具有上皮细胞趋向性，可引起真皮充血、水肿，中性粒细胞、巨噬细胞和淋巴细胞浸润，表皮细胞（如棘细胞）大量增生、肿胀并发生水泡变性，使表皮层显著增厚（图 14-5）。有时伴发角化不全或角化过度，在变性的表皮细胞细胞浆内可见大小不等的嗜酸性包涵体。

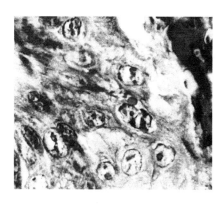
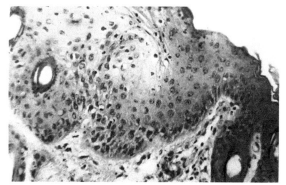

图 14-4　包涵体(H. E.×1 000，
　　　　陈怀涛，2008)

图 14-5　皮肤痘疹(H. E.×400，陈怀涛，2008)

四、课堂作业

绘制高倍镜下痘疹的病理变化皮肤组织图，并描述其病理变化。

五、思考题

1. 简述禽病毒性关节炎的主要病理组织学特征。
2. 简述皮肤痘疹的主要病理组织学特征。

实验十四彩图

(金天明)

实验十五　病理剖检技术

一、实验目的与要求

1. 通过动物尸体剖检，对发病死亡动物做出正确的疾病诊断。
2. 掌握动物尸体剖检记录的撰写及鸡、猪、犬、牛的病理剖检技术。
3. 通过对动物尸体进行全面解剖和仔细检查，分辨出正常与异常的形态结构，判断病理变化的原因，确定疾病所处的阶段，为研究疾病的发生和发展规律奠定基础。

二、实验准备

尸体剖检是动物疾病诊断过程中的一个重要环节。为了做到早诊断、早治疗，减少动物疾病引起的损失，避免死后变化的影响，同时为防止病原的扩散和对实验人员的感染，须做好以下准备。

1. 剖检场地的选择

病理剖检场所最好设在地势较高、环境较干燥的地方，还应远离水源、道路、房舍、居民区和动物圈舍等。为便于搬运动物尸体，剖检场所门应宽敞。房间窗户要大、略高一些，并装有纱门和纱窗，光线充足，利用自然光观察脏器和病理变化的颜色最为适宜；为满足夜间或光线不足的需要，应在解剖台上方安装足够的日光灯和紫外线灯，离地面的高度以 2 m 为宜。常用的白炽灯及高压汞灯能改变脏器的自身色泽，故不建议使用。

病理剖检室内的地面及墙围应采用易冲刷和易消毒的建筑材料，墙壁与地面之间应呈钝角，地面四周向中心稍倾斜，地面中心处设排水沟(地漏)，以利于排水。其余的墙壁和天棚应喷刷油漆，以便洗刷和消毒。有条件的单位还应安装空调，附设更衣室、标本检查室、消毒室、大体标本贮藏室等。更衣室应备有衣柜、衣架和桌椅等。简易的剖检室，不仅能放置解剖台，还要留有剖检人员活动的空间，具有上水、下水等基本条件。

2. 设备、器械的准备

病理剖检室应备有解剖台、解剖器械、照相设备、冰箱、冰柜、高压灭菌器、搪瓷盘、电子台秤、卷尺、量筒、注射器、鞋套机、垃圾桶等。

解剖台的大小，除可放下中、小动物尸体外，还应有供检查、称量脏器和临时存放标本等的空间。解剖台一般为不锈钢材料，规格为 200 cm×85 cm×80 cm，在解剖台的一端或其他适当的位置安装上水、下水等设备。剖检牛、马等大动物时，可直接在铺好台布或塑料布的地面上进行尸体解剖，随后在解剖台上进行脏器检查。解剖台的下水管口径不宜过细，一般不小于 6 cm。从解剖台底部至地面这段水管要装具有水封作用的防臭弯管，防止上水管、下水管及消毒池臭气上返。病理剖检室的污水经过处理后，才可排放到公共下水系统。

病理剖检室常备解剖器械包括：磨刀棒、剥皮刀、解剖刀、脏器刀、外科刀、脑刀、外科剪、骨剪、肠剪、眼科剪、镊子(无齿镊、鼠齿镊、眼科镊)、骨锯(板锯、弓锯、双刃锯)、骨凿、斧、探针等。

3. 防护用品的准备

剖检前应准备好工作服、工作帽、手套(乳胶手套、橡胶手套、PE手套、劳保手套)、口罩(医用外科口罩或一次性医用口罩)、一次性鞋套、滑石粉、洗手盆、洗手液、肥皂、0.2%高锰酸钾溶液、2%~3%草酸溶液、0.1%新洁尔灭、3%~5%来苏尔液、3%~5%碘酊、75%乙醇、医用棉签、医用棉花、医用纱布等。必要时准备好隔离服、护目镜、胶皮或塑料围裙、胶靴。此外，病理剖检室还应备有84消毒液、氢氧化钠、过氧乙酸等用于空气以及地面消毒的药品。

4. 剖检前的要求

尸体剖检前应详细了解动物来源、病史、临床症状、治疗经过和濒死期的表现。必要时由临床兽医对病情做详细介绍，以便了解对尸检的特殊要求，有目的、有重点地进行检查。若马、牛等动物表现有炭疽的临床症状时(发病急剧，死亡较快，咽喉及头部肿胀，死后口、鼻、肛门等天然孔出血，血液不易凝固且呈煤焦油状，尸僵不全)，宜先采其耳血进行染色，若镜检见炭疽杆菌，须禁止剖检。患炭疽等传染病的动物尸体，应先用含氯消毒剂浸泡的医用棉花或医用纱布塞住天然孔，再用消毒液喷洒体表，最后严格按照《病害动物和病害动物产品生物安全处理规程》等相关法规要求处理。对运送的所有用具及污染的周围环境彻底消毒。与病畜接触过的人员应及时进行药物预防。只有确诊不是炭疽和其他禁止剖检的烈性传染病尸体，方可安排病理剖检。

5. 剖检记录的填写

每次进行尸体剖检时，必须安排专人按规定详细填写尸体剖检记录表(表15-1)，便于查询和总结，不断提高兽医临床诊疗水平。

三、实验内容

(一)鸡病理剖检技术

1. 外部检查

在剥皮之前检查病死鸡的体表状态，并结合临床诊断资料，可对疾病的诊断及剖检的重点给予重要启示，有的外部检查还可以作为判断病因的直接依据(如鸡痘、皮肤型马立克病等)。

(1)天然孔检查

注意鸡的喙、鼻、眼、耳、泄殖孔等部位有无分泌物及分泌物的性状。检查鸡鼻窦时，用剪刀在鼻孔前将喙的上颌横向剪断，用手指稍挤压鼻部，注意有无分泌物流出及分泌物的性状。若发现鸡鼻窦部肿胀，鼻窦、眶下窦积有黄白色黏稠分泌物或豆腐渣样渗出物，疑似传染性鼻炎。若有眼炎相关病理变化(如眼结膜内有干酪样物、眼房积水、角膜浑浊等)，疑似铜绿假单胞菌感染、鸡大肠埃希菌病、葡萄球菌病和传染性鼻炎。视检鸡泄殖腔时，注意其内腔黏膜的变化、内容物的性状及其周围的羽毛有无血液或粪便污染。雏鸡泄殖腔外口有石膏样灰白色的粪团粘附或堵塞时，疑似鸡白痢。

表 15-1　尸体剖检记录表

登记号/病例号：

送检者		地址				联系电话	
动物种类		性别		年龄		品种	
毛色		特征		用途		营养	
体高		体长		胸围		体重	
委托单位			剖检者			记录者	
致死方法			死亡日期			剖检日期	
尸体来源							
临床病历及诊断	发病时间						
	发病原因						
	症状						
	临床诊断						
	用药史						
剖检组织器官变化							
实验室检验							
组织病理学检查							
病毒学检查							
细菌学检查							
血清学检查							
寄生虫学检查							
毒理学检查							
其他检查							

（2）皮肤检查

视检羽毛是否整齐，换羽过程中或被啄羽的鸡只羽毛脱落。观察冠、肉髯及其他各处皮肤有无淤血、出血、贫血、痘疹（鸡痘）、皮疹和结节。例如，鸡冠苍白见于脂肪肝-出血综合征、鸡传染性贫血等；皮肤出血见于高致病性禽流感、磺胺类药物中毒；皮肤结节见于皮肤型马立克病。观察鸡腹壁及嗉囊表面皮肤的颜色。注意检查鸡趾部皮肤有无龟裂、结痂及趾瘤（葡萄球菌感染）。

（3）关节检查

检查鸡各关节有无肿胀，关节腔内有无尿酸盐沉积（关节型痛风），龙骨突有无变形、弯曲等病理变化。例如，鸡跗关节肿胀，疑似葡萄球菌感染、禽呼肠孤病毒感染、锌缺乏症等；蛋鸡龙骨变软、弯曲，疑似维生素 D 缺乏症；雏鸡蜷趾麻痹症，疑似维生素 B_2 缺乏。

（4）营养状况检查

可用手触摸鸡胸骨两侧肌肉的丰满程度及检查龙骨是否变形、弯曲，从而判断病鸡的营养状况。

（5）尸体变化检查

注意检查尸体有无尸冷、尸僵、尸斑、腐败（尸绿、尸臭）等变化。若病鸡尸体已经腐败，则失去了病理剖检的意义。

2. 内部检查

（1）体腔剖开

外部检查后，用消毒液将鸡羽毛和皮肤浸湿，拔掉其颈部、胸部、腹部羽毛。将病死鸡仰卧于解剖台上，在泄殖腔前皮肤做一横切口，垂直此横切口依次沿腹、胸和颈正中线至下颌间隙切开皮肤。环形切开跗关节皮肤，从跗关节切线沿腿内侧与体正中切线做垂直切开，剥开胸部、腹部、颈部和腿部皮肤。用力将两大腿向外翻压直至两髋关节脱臼，致两腿平摊，使鸡体背卧位平躺于解剖台上。检查病死鸡皮下组织及肌肉表面有无异常，皮下见胶冻样分泌物时，疑似高致病性禽流感；雏鸡皮下水肿，疑似维生素 E 缺乏症；皮下见干酪物时，疑似大肠埃希菌感染、铜绿假单胞菌感染或滑液囊支原体感染；肌肉出血（图 15-1）时，疑似高致病性禽流感、传染性法氏囊炎或磺胺类药物中毒；胸肌变干、颜色变暗为病鸡脱水的表现，见于饮水供应不足、肾型传染性支气管炎、传染性法氏囊炎等。

在泄殖腔前腹壁肌肉做一横切口，垂直此横切口至胸骨后端沿腹正中线切开腹壁；然后沿肋骨弓切开腹肌，暴露腹腔；从左右两侧肋骨弓开始，由后向前分别沿两侧肋骨与肋软骨连接处剪断肋骨；使用骨剪剪断乌喙骨和锁骨；然后握住龙骨突的后缘用力向上前方翻拉，并切断周围的软组织，即可去掉胸骨，露出鸡体腔。

（2）体腔视检

注意检查剖检鸡气囊，健康鸡的气囊薄而透明，有光泽；气囊表面附有泡沫样或干酪样渗出物（图 15-2），气囊增厚，疑似鸡毒支原体感染、大肠埃希菌感染或鼻气管鸟杆菌感染，气囊见干酪样结节，疑似禽曲霉菌病、鸡结核。检查体腔内容物，健康鸡体腔内各器官表面均湿润有光泽，异常时可见病理性渗出物及其他病理变化（如尿酸盐沉积、凝血块等）；体腔内液体增多时，可利用注射器吸出置于量筒内，测量其体积。腹水可见于肉鸡腹水综合征、急性禽霍乱、玉米赤霉烯酮中毒、雏鸡食盐中毒等。

（3）体腔脏器采出和检查

鸡体腔内器官采出顺序：可先将心脏连心包一起剪离，再采出肝，然后将腺胃、肌胃、肠管、胰腺、脾脏及生殖器官一同采出。鸡肺脏嵌于肋间隙，肾脏位于腰荐骨凹陷部，这两种器官可用外科刀柄剥离取出，之后逐一检查鸡体腔内各器官。

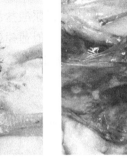

图 15-1　肌肉出血　　　　　　　　　　　图 15-2　气囊炎

①心脏：将心包膜剪开，注意心包腔有无积液，心包与心外膜有无纤维素性分泌物引起的粘连；心脏的检查要注意其形态、大小、心外膜状态以及有无出血点；然后将两侧心房及心室剪开，检查心内膜并观察心肌的色泽及性状。例如，心包积液见于禽腺病毒感染、急性禽霍乱、雏鸡食盐中毒等；纤维素性心包炎见于鸡大肠埃希菌病（纤维素性分泌物致心包与心外膜粘连）（图 15-3）、鸡毒支原体感染、副伤寒、禽衣原体病等；心外膜出血见于高致病性禽流感、急性禽霍乱、磺胺类药物中毒等；右心室肥大见于肉鸡腹水综合征、雏鸡食盐中毒；心肌坏死见于高致病性禽流感；心肌结节见于雏鸡白痢或马立克病。

②肺脏：注意观察其形态、色泽和质地，表面和切面有无炎症、坏死或结节。例如，肺水肿可见于高致病性禽流感；单侧性肺炎多见于鼻气管鸟杆菌感染；黄白色干酪样结节见于禽曲霉菌病、鸡结核。

③腺胃和肌胃：先检查腺胃的形状，注意腺胃是否肿胀、变圆（图 15-4），再将腺胃、肌胃依次切开，检查腺胃壁的厚度、内容物的性状、黏膜的状态、有无出血点和寄生虫。例如，腺胃肿大、腺胃壁增厚见于传染性腺胃炎和马立克病；腺胃出血见于传染性腺胃炎、马立克病、禽流感和新城疫（图 15-5）等。对肌胃的检查要注意肌胃的厚度，肌胃角质层的色泽、有无糜烂或溃疡。例如，肌胃角质层糜烂或溃疡见于腺病毒感染、维生素 E 缺乏、霉菌毒素中毒、铜中毒，或由鱼粉和肉粉中所含的肌胃糜烂素刺激所致。剥离肌胃角质层，检查角质层下有无出血等病理变化。例如，肌胃角质层下出血见于高致病性禽流感、典型新城疫，或磺胺类药物中毒。

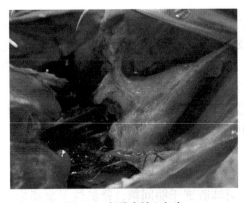

图 15-3　纤维素性心包炎　　　　　　　　图 15-4　腺胃炎

④肠管：先检查肠系膜的状态。例如，肠系膜血管充血见于禽衣原体病；肠系膜结节见于禽淋巴细胞性白血病、间皮瘤等。肠管的检查还应注意观察肠黏膜和浆膜有无充血、出血、坏死、溃疡，肠内容物的性状及有无鸡蛔虫、鸡绦虫、鸡异刺线虫等内寄生虫。例如，坏死性肠炎见于 A 型和 C 型产气荚膜梭菌小肠球虫、感染病鸡；小肠淋巴滤泡肿胀、出血(图 15-6)或纤维素性坏死灶见于典型新城疫病鸡。检查盲肠有无盲肠球虫病(柔嫩艾美耳球虫感染鸡盲肠肠腔内充满血样内容物)(图 15-7)、盲肠肝炎、雏鸡白痢、副伤寒沙门菌感染的典型病理变化。

图 15-5　腺胃出血

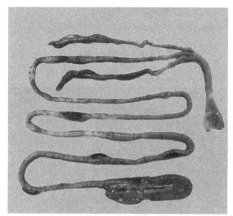

图 15-6　小肠淋巴滤泡出血

⑤肝：注意观察其形态、大小、色泽、质地，表面有无纤维素性分泌物(图 15-8)[如鸡大肠埃希菌病(肝脏表面附着大量纤维性分泌物)、鸡毒支原体感染、副伤寒沙门菌感染等]、出血(图 15-9)(如包涵体肝炎、脂肪肝-出血综合征等)、坏死(图 15-10)(如盲肠肝炎、急性型禽霍乱、A 型和 C 型产气荚膜梭菌感染等)、结节(图 15-11)(如鸡结核、马立克病、禽白血病等)等病理变化。切开检查切面的性状。同时，要注意胆囊的大小、颜色及内容物性状。

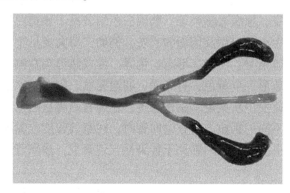

图 15-7　盲肠出血

图 15-8　肝周炎

⑥脾：注意观察其形态、大小、色泽、质地、表面及切面的性状等。例如，鸡脾脏坏死见于高致病性禽流感、典型新城疫；脾脏肿大见于急性网状细胞瘤(网状内皮组织增殖病病毒感染引起)、禽戊型肝炎病毒感染、马立克病、禽白血病等。

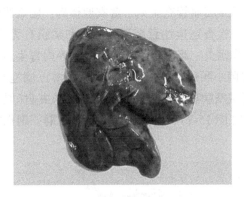

图 15-9 肝脏出血

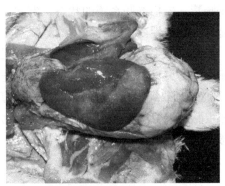

图 15-10 肝脏坏死

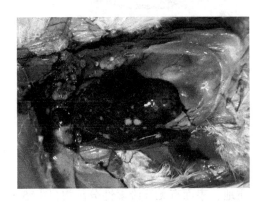

图 15-11 肝脏结节

图 15-12 肾脏肿胀

⑦肾：注意观察其大小、色泽、质地、表面及切面的性状等。肾脏肿胀，输尿管有尿酸盐沉积，俗称花斑肾，见于肾型传染性支气管炎（图 15-12）、禽肾炎、镰刀菌毒素中毒、赭曲霉毒素 A 中毒等。鸡肾脏肿瘤性病理变化见于马立克病、禽白血病。

⑧胰腺：注意检查其有无出血、坏死等病理变化。胰腺出血见于高致病性禽流感；胰腺坏死见于高致病性禽流感、典型新城疫、腺病毒感染等；胰腺白色结节见于雏鸡白痢。

⑨生殖器官：应注意成年公鸡睾丸大小、表面及切面的状态。例如，睾丸炎见于鸡白痢、禽伤寒、禽衣原体病等。检查母鸡卵巢时，注意其形态、色泽。性成熟母鸡左侧卵巢较发达，右侧常萎缩。正常时卵泡呈圆球形，金黄色，有光泽。卵泡充血、出血，卵泡破裂，常见于禽流感、传染性支气管炎、速发型新城疫、副伤寒等。输卵管黏膜呈白色，黏膜上有黏稠透明液，仔细观察可见大小不同的钙粒。检查输卵管时，注意其长度、黏膜和内容物的性状，有无充血、出血和寄生虫。输卵管闭锁见于传染性支气管炎，输卵管囊肿见于玉米赤霉烯酮中毒。

⑩法氏囊：性成熟前鸡法氏囊明显，检查时注意其大小、色泽、质地等，切开后观察黏膜的色泽、湿度、有无出血点或出血斑、有无分泌物及其黏膜皱褶的状态等。法氏囊萎缩见于鸡传染性贫血、网状内皮组织增殖症、磺胺类药物中毒、黄曲霉毒素中毒或传染性法氏囊炎发病后期等；法氏囊出血见于传染性法氏囊炎、禽流感、新城疫等；法氏囊形成的肿瘤见于禽淋巴细胞性白血病或鸡法氏囊淋巴瘤（网状内皮组织增殖病病毒感染引起）。

(4)鸡颈部器官采出与检查

先用剪刀将喙的一侧切开，检查口腔黏膜有无坏死、腭裂内有无分泌物；然后依次剪开鸡下颌骨、食道、嗉囊。注意观察食道黏膜的变化，嗉囊内容物的量、气味及嗉囊内膜的变化；再剪开病鸡喉、气管，检查有无黏膜出血及炎性分泌物；最后检查胸腺是否消失、胸腺大小、颜色、质地及有无出血。

例如，鸡口腔黏膜溃疡，形成黄色结痂见于镰刀菌毒素中毒；鸡食道黏膜形成结节见于维生素 A 缺乏症；念珠菌病病鸡食道黏膜增厚或溃疡；鸡喉黏膜出血、气管黏膜出血见于典型新城疫；鸡喉和气管内过量的黏液、血块或干酪样见于传染性喉气管炎；鸡气管黏膜粗糙、出血、管腔内浆液性或干酪样分泌物见于传染性支气管炎；胸腺肿大见于网状内皮组织增殖病病毒感染；胸腺萎缩见于鸡传染性贫血、网状内皮组织增殖症、磺胺类药物中毒、黄曲霉毒素中毒等；鸡胸腺出血见于典型新城疫。

(5)脑组织采出和检查

可先用刀剥离病死鸡头部皮肤，再剪除颅顶骨，露出大脑和小脑；然后轻轻剥离，将前端的嗅脑、脑下垂体及视神经交叉等逐一剪断，即可采出整个大脑和小脑。注意观察脑膜血管有无充血、出血，脑组织表面和切面有无充血、出血、水肿、液化等。依靠病理组织切片观察，识别化脓性脑炎和非化脓性脑炎的病理组织形态学特征。例如，雏鸡脑软化见于维生素 E 缺乏症。

(6)神经检查

疑似神经型马立克病或网状内皮组织增殖症病毒感染时，须检查病死鸡臂神经丛、腰荐神经丛、坐骨神经。

(7)脊髓取出和检查

首先去除脊柱周围软组织，雏鸡可用剪刀直接切开脊椎管，成年鸡锯开椎弓，取出脊髓，横切检查有无出血。疑似禽脑脊髓炎病鸡须取脊髓，制作病理组织切片后观察组织病理变化。

(8)骨和骨髓检查

发生骨骼疾病(如肉鸡胫骨短粗病、笼养产蛋鸡骨质疏松症、骨折、放线菌病等)病鸡应先检查骨的大小、形状、硬度、骨膜状态等，然后检查骨的断面情况。

疑似鸡传染性贫血的病鸡须检查骨髓，通常将长骨(股骨和胫骨)纵行劈开，检查骨髓色泽、红骨髓和黄骨髓的分布比例。眼观检查后，最好取材进一步做组织学、细胞学和微生物学检查。

(二)猪病理剖检技术

猪尸体剖检前，应先了解病死猪的流行病学资料、临床症状和治疗情况，以便适当缩小所考虑的疾病范围，使剖检有一定的导向性。为系统、全面地检查猪尸体内外所呈现的病理变化，避免遗漏，猪病理剖检应按照一定的顺序进行。鉴于猪尸体大小不一，猪病种类较多，剖检的目的和要求可能存有差异，故剖检的顺序可灵活运用。

新鲜猪尸体常用剖检顺序：外部检查→剥皮和皮下检查→腹腔剖开与腹腔器官视检→胸腔剖开与胸腔器官视检→腹腔器官采出→口腔、颈部和胸腔器官采出→骨盆腔器官采出→颅腔剖开和脑采出→鼻腔剖开→脊椎管剖开和脊髓采出→器官检查。

1. 外部检查

外部检查一般从病死猪头部开始，依次检查头、颈、胸、腹、四肢、背、尾和外生殖器。检查内容包括自然状况检查、皮肤检查、天然孔和可视黏膜检查、尸体变化检查等。

（1）自然状况检查

首先对剖检猪的品种、年龄、性别、毛色、营养、用途、体重、体长、体高等做一般问诊及视检。剖检猪生前的营养状态，可根据被毛、皮肤和肌肉丰满度状况来判断。

（2）皮肤检查

首先观察剖检猪皮肤有无脱毛（如疥螨病、小孢子菌病、锌缺乏症等）、充血（如猪丹毒、晒伤等）、淤血（图15-13，如猪繁殖与呼吸综合征、仔猪副伤寒等）、出血（图15-14，如猪瘟、非洲猪瘟等）、水疱（如口蹄疫、猪水疱病、水疱性口炎、猪痘、渗出性皮炎等）、痘疹（猪痘）、湿疹、溃疡（如链球菌病、猪丹毒、褥疮、疥螨病、口蹄疫等）、创伤（如阉割伤、咬伤等）、脓肿（链球菌病）、肿瘤等，有无粪便等污染。然后检查猪皮肤的厚度、硬度、弹性及被毛的光泽度，皮下有无水肿和气肿。猪皮下水肿时患部隆起，触之有波动感；皮下气肿时触诊有捻发音。剖检猪见全身性水肿时，考虑其生前可能患贫血、营养不良、慢性传染病、严重寄生虫病、慢性心脏病、肾病和肝病等；局部水肿可能与出血性败血症、恶性水肿有关；皮下气肿可能与严重肺气肿或梭菌病等有关。

图15-13　淤血（董世山，2021）

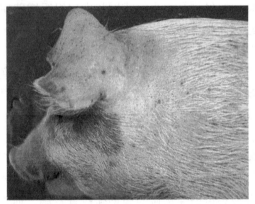

图15-14　皮肤出血（董世山，2021）

（3）天然孔和可视黏膜检查

检查猪天然孔（如口、鼻、眼、耳、外生殖器、肛门等）的开闭状态，有无分泌物、排泄物及其性状（如颜色、量、气味和黏稠度等）。病死猪鼻孔流出血样分泌物，疑似败血症型疾病（如链球菌病、猪传染性胸膜肺炎、炭疽等）；初生仔猪排黄色稀粪，可初步诊断为仔猪黄痢。检查猪可视黏膜（如口、鼻、眼、外生殖器、肛门等处黏膜）时，应注意观察黏膜颜色，黏膜有无出血、溃疡、水疱和瘢痕等。猪眼部附着脓性分泌物常见于猪瘟；猪口、鼻、肛门等处流出血样液体常见于败血症。眼结膜、鼻腔、口腔、肛门、生殖器官的黏膜色泽往往提示猪机体内部的状况：黏膜苍白是内出血或贫血的症状；黏膜紫红色是淤血的标志，剖检时应注意循环系统的疾病；黏膜发黄可能是黄疸（如断奶仔猪多系统衰竭综合征、附红细胞体病、钩端螺旋体病等），应注意猪肝、胆囊、胆管以及血液中病原体的检查；黏膜出血可能是猪传染病或猪中毒性疾病的病理变化之一。例如，猪眼结膜出血点，见于败血症、出血性紫癜以及磷、汞、铅中毒。

（4）尸体变化检查

尸体变化的检查有助于判定猪死亡发生的时间和病理变化的位置。注意腐败的猪尸体，已不具备病理剖检的意义。

2. 内部检查

因猪肠管长而复杂，猪病剖检时一般采取背卧位。切断猪四肢内侧的所有肌肉、血管、神经和髋关节圆韧带，使其四肢平摊在解剖台上，借助四肢固定猪尸体。

（1）剥皮和皮下检查

首先，使病死猪仰卧，从下颌间隙开始，沿气管、胸骨，再沿腹壁白线侧方直至尾根部做一切线切开皮肤；切线遇脐部、生殖器、乳房和肛门等部位时，应使切线在其前方左右分为两切线，绕其周围切开，再汇合为一线。猪尾部一般不剥皮，仅在尾根部切开腹侧皮肤，于3~4尾椎部切断椎间软骨，使其尾部连于皮肤上。

其次，四肢切四条横切线（每肢一条横切线），在猪四肢内侧与正中线呈直角切开皮肤，止于球节，做环状切线。

最后，头部剥皮。从猪口角后方和眼睑周围做环状切开，然后沿下颌间隙正中线向两侧剥皮，切断耳壳，外耳连在皮肤上一起剥离，以后沿上述各切线逐次把猪全身皮肤剥离下来。

在剥皮过程中，应注意检查猪皮下组织的含水程度，皮下血管的充盈量，血管断端流出血液性状（如颜色、量、黏稠度等），皮下有无水肿（多呈胶冻样）、气肿、出血、肿瘤等病理变化，猪皮下脂肪沉积量、色泽和性状。

注意病死猪下颌淋巴结、颈浅淋巴结、腹股沟浅淋巴结、肠系膜淋巴结、髂淋巴结的大小、质地、颜色，切面有无出血（图15-15）（如猪瘟、高致病性猪繁殖与呼吸综合征、炭疽等）、水肿（仔猪水肿病）、坏死（伪狂犬病）、化脓（如链球菌病、铜绿假单胞菌感染等）等病理变化，初步确定淋巴结病理变化的性质。

可根据诊断的需要做部分剥皮，或不剥皮直接进行剖检。应注意检查出生不久的仔猪脐带有无异常变化。

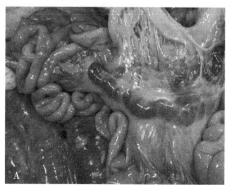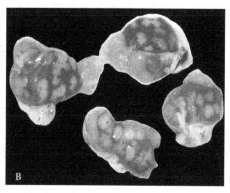

图15-15 淋巴结出血（A. 董世山，2021；B. 陈立功，2022）

(2)腹腔剖开与腹腔器官视检

第一切线，从猪剑状软骨距白线 2 cm 处做一长 10~15 cm 的切口，切开腹壁肌层，然后用刀尖将猪腹膜切一小口，将左手食指与中指插入腹壁的切口中，用手指的背面抵住猪肠管，同时两手指张开，右手持刀将刀尖夹于两手指之间，刀刃向上，由剑状软骨切口的末端，沿猪腹壁白线切至耻骨联合处；第二切线，由猪耻骨联合切口处分别向左右两侧沿髂骨体前缘切开腹壁；第三切线，从猪剑状软骨沿左右两侧肋骨后缘至腰椎横突处，将腹壁切成两个大小相等的楔形，将其向两侧翻开，即可露出猪腹腔。

病死猪腹腔内常蓄有气体，做腹壁切线第一个切口时即有气体冲出，注意冲出气体的气味。注意观察腹腔中有无渗出液(弓形虫病)、血液(非洲猪瘟)、饲料、纤维素(副猪嗜血杆菌病)或脓性分泌物(链球菌病)等，并确定其数量、颜色、性状；腹膜及腹腔器官浆膜是否光滑，肠壁是否粘连。同时注意病猪腹腔内各器官之间的关联有无变化。

(3)胸腔剖开与胸腔器官视检

方法一：先用刀分离猪胸壁两侧表面的脂肪和肌肉，同时检查胸腔的压力。用刀切断两侧肋骨与肋软骨的接合部，再切断其他软组织，除去胸壁腹面，即可露出猪胸腔。

方法二：从两侧最后肋骨的最高点分别至第一肋骨的中央部做一锯线，锯开胸腔；用刀切断横膈附着部、心包、纵隔与胸骨之间的联系，除去锯下的胸壁，即可露出猪胸腔。

观察胸腔有无血液、渗出物(如水肿液、纤维素性或脓性分泌物等)及其性状(如量、透明度、色泽、气味、黏稠度等)；注意病猪胸膜是否光滑，有无充血、出血、粘连等病理变化。剖检见胸腔积液时，疑似非洲猪瘟、弓形虫病。

(4)腹腔器官采出

猪腹腔剖开后，可先取出脾脏和网膜，其次为空肠和回肠、大肠、胃和十二指肠等。

脾脏和网膜的采出：提起猪脾脏，在接近脾脏部切断网膜和血管等联系后，取出脾脏，然后将网膜从其附着部位分离取出。

空肠和回肠的采出：将猪结肠盘向右侧牵引，盲肠拉向左侧，显露回盲韧带与回肠；在距盲肠约 15 cm 处，将回肠做二重结扎切断；握住回肠断端，用刀切断回肠、空肠上附着的肠系膜，直至十二指肠和空肠曲部；在空肠起始部做二重结扎并切断，取出猪空肠和回肠。

大肠的采出：在猪骨盆腔口分离出直肠，将其中粪便挤向前方做一次结扎，并在结扎后方切断直肠；从直肠断端向前方切离肠系膜至前肠系膜动脉根部；分离结肠和十二指肠、胰腺之间的联系，切断前肠系膜动脉根部的血管、神经和结缔组织以及结肠与背部之间的联系，即可取出大肠。在分离肠系膜时，要注意观察猪肠管浆膜有无出血、结节，肠系膜透明度、有无出血及水肿，肠系膜淋巴结有无肿胀、出血、坏死、水肿等变化。

最后，依次采出猪胃、十二指肠、肾脏、肾上腺、胰腺和肝脏。

(5)口腔、颈部和胸腔器官采出

将猪头部仰卧固定，使下颌向上，用锐刀在下颌间隙紧靠下颌骨内侧切入口腔，切断所有附着于下颌骨的肌肉，至下颌骨角，然后切离另一侧；同时切断舌骨之间的连接处，将手自下颌骨角切口处伸入口腔，抓住舌尖向外牵引，用刀切开软腭，然后切断所有与喉连接的组织，连同气管、食管一直切离至胸腔入口处，向左右分切纵隔，切断猪锁骨下动脉和静脉及臂神经丛，此时用手握住颈部器官，边拉边分离附着于脊椎部的软组织，在膈部切断食管、后腔静脉和动脉，即可将猪颈部和胸腔器官全部摘出。

（6）骨盆腔器官采出

第一种方法：首先锯断猪左侧髂骨体、耻骨和坐骨的髋臼，取下锯断的骨体，即可露出骨盆腔；用刀切断直肠与盆腔上壁的结缔组织；母猪还要切离子宫与卵巢，再由骨盆腔下壁切断与膀胱、阴道及生殖器官的联系，即可取出骨盆腔的器官；公猪应先切开阴囊和腹股沟管，把睾丸、附睾、输精管由阴囊取出并纳入骨盆腔内，再切开阴茎皮肤，将阴茎引向后方，于坐骨部切断阴茎脚、坐骨海绵体肌，最后切开猪肛门周围皮肤，将外生殖器与骨盆腔器官一并取出。

第二种方法：从猪骨盆入口处切离周围软组织，即可将骨盆腔器官采出。

仔猪可自下颌沿颈部、腹部正中线至肛门切开，暴露胸腹腔；切开耻骨联合，露出骨盆腔；然后将口腔、颈部、胸腔、腹腔和骨盆腔的器官一起采出检查。

（7）颅腔剖开和脑采出

清除猪头部的皮肤和肌肉，先在两侧眼眶上突后缘做一横锯线，自该锯线两端经额骨、顶骨侧面至枕脊外缘做两条平行的纵锯线，再从枕骨大孔两侧做一"V"字形锯线与两纵锯线相连。此时将猪头的鼻端向下立起，用力敲击枕脊，即可揭开颅顶，露出颅腔。用外科刀切断硬脑膜，将脑轻轻向上提起，同时切断脑底部神经和各脑神经根，即可将大脑和小脑一起取出，最后从蝶鞍部取出脑垂体。

（8）鼻腔剖开

用锯在猪两眼前缘横断鼻骨；在第一臼齿前缘锯断上颌骨；沿鼻骨缝的左侧或右侧 0.5 cm 处，纵向锯开鼻骨和硬腭，打开鼻腔取出鼻中隔。

（9）脊椎管剖开和脊髓采出

锯下一段约 10 cm 长的胸椎，用磨刀棒或肋软骨插入椎管即可顶出脊髓。

（10）器官检查

把采出的器官放在备好的检查台面上。一般先检查口腔、颈部和胸腔器官，然后依次检查腹腔器官、骨盆腔器官、脑、鼻、脊髓。猪胃肠道通常最后进行检查，以免污染器械、解剖台等，影响检查效果。

①口腔、颈部器官检查：检查舌下黏膜有无充血、出血、水疱、溃疡等变化，舌肌有无寄生虫包囊等。

喉和气管：检查其黏膜的颜色，有无充血、出血等变化，黏膜是否光滑，管腔内有无药物、食物、寄生虫、浆液性分泌物、黏液性分泌物、脓性分泌物、血样分泌物、干酪物等。例如，猪喉和气管黏膜充血，疑似链球菌病；猪喉黏膜出血，疑似猪瘟；猪气管内充有泡沫样渗出物，疑似猪巴氏杆菌病。

咽和扁桃体：检查其有无肿胀、充血、出血、化脓、坏死等变化。例如，猪扁桃体出血，疑似猪瘟；猪扁桃体坏死（图 15-16），疑似伪狂犬病。

食管：除检查其黏膜状态，还应注意观察食管有无损伤、扩张及憩室或狭窄等异常。

甲状腺和胸腺：检查其体积大小、颜色、质

图 15-16　扁桃体坏死

地及切面有无异常。例如，胸腺萎缩多见于断奶仔猪多系统衰竭综合征。

②胸腔器官检查：

肺：首先检查其体积大小、质量、色泽和质地，有无充血、淤血、出血（如猪瘟）（图15-17）、气肿、萎陷、坏死、结节、纤维素性分泌物附着等病理变化，如猪巴氏杆菌病（病猪肺肝变、浆膜覆有纤维素性渗出物）（图15-18）、副猪嗜血杆菌病、猪传染性胸膜肺炎等病理变化，小叶间质是否增宽（弓形虫病）；对已发现的病灶，还应确定其发生范围；观察病理变化处切面的色泽、质地、干湿及结构状态，有无淤血、水肿（非洲猪瘟）、坏死、脓肿等；病变部支气管检查同气管；剪下小块病变组织投入水中，进行肺脏的沉浮试验，观察沉浮程度。

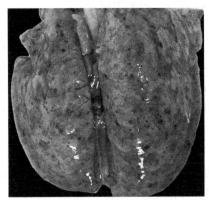

图15-17　肺出血（董世山，2021）　　图15-18　纤维素性肺炎（董世山，2021）

肺淋巴结和纵隔淋巴结：注意其大小、颜色、硬度、切面等变化。

心脏：首先检查心包液的数量、性状、色泽、气味、透明度，有无绒毛和机化灶、粘连、肿瘤等。其次检查心脏外形、质量，心冠纵沟脂肪量和性状，有无出血；心外膜有无出血、变性、坏死、纤维素性分泌物附着。例如，心包积液，疑似副猪嗜血杆菌病和链球菌病早期病例，或疑似非洲猪瘟；绒毛心患病猪心包和心外膜见丝状、絮状纤维素性渗出物，疑似副猪嗜血杆菌病和链球菌病（图15-19）；心外膜出血，疑似非洲猪瘟、猪瘟、链球菌病等。最后切开心脏检查心腔，方法是沿左纵沟左侧的切口，切至肺动脉起始处；沿左纵沟右侧的切口，切至主动脉的起始处；然后将心脏翻转过来，沿右纵沟左右两侧做平行切口，切至心尖部与左侧心切口相连接；切口再通过房室口切至左心房及右心房。经过上述切线，心脏全部剖开。检查心脏时，注意检查心腔内血液的含量及性状；心内膜的色泽、光滑度、有无出血；瓣膜、腱索是否肥厚，有无血栓形成和组织增生或缺损等。对心肌的检查，应注意心肌各部的厚度、色泽及质地，有无出血、瘢痕、变性和坏死等。例如，心脏瓣膜处有大小不等的疣状物质，形成花椰菜样外观疑似慢性型猪丹毒（图15-20）。

③腹腔器官检查：

脾：先检查脾门血管、淋巴结和包膜的紧张度。观察其形态、颜色，有无肥厚、出血性梗死，如猪瘟脾脏边缘见楔形梗死灶（图15-21）、高致病性猪繁殖与呼吸综合征等、纤维素性分泌物附着、脓肿、瘢痕形成，检查质地（如坚硬、柔软、脆弱等），然后做一两

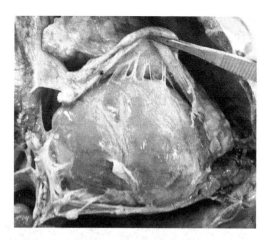

图 15-19 纤维素性心包炎

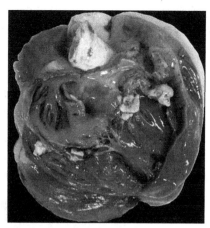

图 15-20 心内膜炎

个纵切，检查脾髓、滤泡和脾小梁的状态，有无结节、坏死、出血性梗死和脓肿等。以刀背刮切面，检查脾髓的质地。患败血症猪的脾显著肿大，包膜紧张，呈暗红色，质地柔软，切面突出，结构模糊，流出多量煤焦油样血液。脾淤血时，脾也显著肿大变软，切面有暗红色血液流出；增生性脾炎时，脾稍肿大，质地坚实，滤泡常显著增生，其轮廓明显。例如，脾脏肿大，表面和边缘

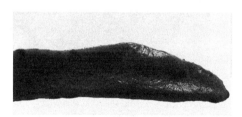

图 15-21 脾出血性梗死

有砂粒大小丘样突起，疑似断奶仔猪多系统衰竭综合征。萎缩的脾包膜肥厚皱缩，脾小梁纹理粗大而明显。

　　肝：先检查肝门部的动脉、静脉、胆管和淋巴结；然后检查肝的形态、大小、色泽、质量及包膜性状，有无出血（如猪瘟、高致病性猪繁殖与呼吸综合征等）、纤维素性分泌物（如副猪嗜血杆菌病和链球菌病等）、变性、坏死（伪狂犬病）、结节等；最后切开肝组织，观察切面的色泽、质地和含血量等情况，注意切面是否隆突，肝小叶结构是否清晰，有无脓肿、坏死（副伤寒结节）和寄生虫性包囊等。剖检见乳斑肝时，疑似猪蛔虫病。肝脏表面或切面见囊泡时，疑似猪囊尾蚴病或猪细颈囊尾蚴病。

　　胰腺：检查其形态、色泽、质地、质量和切面等。

　　肾：先检查肾的形态、大小、色泽和质地。注意包膜的状态，是否光滑透明和容易剥离。包膜剥离后，检查肾表面的色泽，有无出血、瘢痕、坏死等；然后由肾的外侧向肾门部将肾纵切为相等的两半，检查皮质和髓质的颜色、质地、比例、交界部血管状态、组织结构及其纹理；注意肾盂的容积，有无积尿、积脓、结石等。剖检见肾脏出血，疑似猪瘟（猪瘟病猪肾脏被膜下见淤点和淤斑，呈麻雀卵样外观）（图 15-22）、非洲猪瘟、高致病性猪繁殖与呼吸综合征等；肾脏坏死，疑似伪狂犬病、猪皮炎和肾病综合征。

　　肾上腺：先检查其形态、大小；然后纵切，检查皮质和髓质的厚度与比例；最后检查有无出血。

　　胃：先观察其大小、浆膜面色泽、有无粘连、胃壁有无破裂和穿孔等，然后由贲门沿

胃大弯剪至幽门。胃剪开后，先检查胃内容物的数量、性状、含水量、气味、色泽、成分，有无寄生虫)等；然后检查胃黏膜的色泽，注意有无充血、淤血、出血、水肿、溃疡、肥厚等。剖检见胃出血，疑似猪瘟、高致病性猪繁殖与呼吸综合征等。

肠管：对十二指肠、空肠、回肠、大肠和直肠分段进行检查。先检查肠管浆膜面的色泽，有无粘连、套叠、寄生虫结节、肿瘤等；然后剪开肠管，检查肠内容物的数量、性状和气味，有无血液、寄生虫、异物等。除去肠内容物后，检查肠黏膜的性状，注意有无充血、淤血、出血、水肿、溃疡、肥厚等。有的临床病例小肠内可见蛔虫虫体，盲肠和结肠"纽扣状"溃疡(图15-23)，见于慢性型猪瘟。仔猪小肠腔内有大量暗红色血样内容物，疑似仔猪红痢(C型产气荚膜梭菌感染)。病猪回肠黏膜呈皱襞状肥厚，疑似猪增生性肠炎。

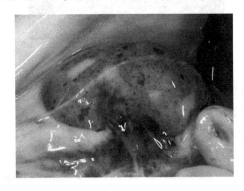

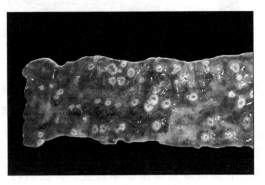

图15-22　肾脏出血(董世山，2021)　　　图15-23　猪瘟病猪结肠"纽扣状"
溃疡(董世山，2021)

④骨盆腔器官检查：

公猪生殖系统检查：检查包皮、龟头、尿道黏膜状态及有无异常分泌物。检查睾丸和副性腺的外形、大小、质地和色泽，观察其切面有无充血、出血、瘢痕、结节、化脓和坏死等。睾丸炎病例，疑似猪乙型脑炎、布鲁菌病。

母猪生殖系统检查：观察输卵管浆膜面有无粘连、膨大、狭窄、囊肿，然后剪开，注意腔内有无异物、黏液、水肿液，黏膜有无肿胀、出血等。卵巢应注意其形状、大小、卵泡和黄体的发育情况。检查阴道和子宫时，除观察子宫大小及外部病理变化外，还要依次剪开阴道、子宫颈、子宫体，直至左右两侧子宫角，检查内容物的性状及黏膜的病理变化。阴道见脓性分泌物，疑似细菌感染，如大肠埃希菌、链球菌、葡萄球菌、变形杆菌等。妊娠期流产病例，还应检查胎儿及胎盘情况。引起母猪流产、死胎和木乃伊的传染病较多，如非洲猪瘟、猪瘟、猪繁殖与呼吸综合征、伪狂犬病、猪流感、猪圆环病毒2型感染、猪细小病毒病、猪乙型脑炎、布鲁菌病等。

膀胱和输尿管：先检查膀胱的体积大小、浆膜有无出血；其次检查膀胱内尿液的量、色泽、性状、有无结石；然后检查膀胱黏膜的状态，有无出血、溃疡等变化；最后检查输尿管黏膜状态和内容物性状。膀胱黏膜出血，疑似非洲猪瘟、猪瘟、高致病性猪繁殖与呼吸综合征等。

⑤脑：先检查脑膜有无充血、出血，对脑进行称重；然后检查大脑、小脑有无水肿、出血等，并注意观察脑沟和脑回的状态；切开大脑半球，检查侧脑室及各部位灰质和白质的变化；最后检查垂体的大小、质量及切面有无异常。

⑥鼻：先检查左右两侧鼻甲骨是否对称；再检查黏膜状态、有无异常分泌物和疤痕。临床病例以猪鼻甲骨萎缩，面部变形为病理特征时，疑似猪传染性萎缩性鼻炎。

⑦脊髓：横切检查有无出血、寄生虫等。

⑧肌肉、关节、腱鞘和腱：肌肉的检查注意观察肌束的大小、颜色、质地（PSE 猪肉），肌束间有无出血、充气、积液、脓肿、结缔组织增生和寄生虫包囊（猪囊尾蚴病、猪旋毛虫病）等。关节先检查关节外形，然后切开关节腔，检查关节腔内容物性状，关节面有无磨损、粘连，滑膜是否增厚，关节韧带是否完整等。可感染猪关节的疾病较多，如猪滑液支原体关节炎、链球菌病、猪丹毒、副猪嗜血杆菌病、布鲁菌病等。腱鞘和腱应注意观察其色泽、质地、有无断裂或机化灶等。

⑨骨和骨髓：检查有无骨折，骨的大小、形状、硬度、骨膜状态等。断奶仔猪，需注意检查肋骨和肋软骨交界处有无串珠样肿大（慢性型猪瘟典型病理变化）。通常纵行锯开长骨（股骨和胫骨），检查骨髓色泽，检查其红骨髓和黄骨髓的分布比例。

⑩乳腺：先检查外形，再检查所属淋巴结有无病理变化；然后检查乳房硬度，注意有无硬结和脓肿等。

（三）犬病理剖检技术

犬的病理剖检可按下列顺序进行：外部检查→剥皮与皮下检查→腹腔剖开与腹腔器官视检→胸腔剖开与胸腔器官视检→内脏器官取出与检查→其他组织器官取出与检查。

1. 外部检查

首先检查犬尸体死后变化（尸冷、尸僵、尸斑、腐败等），发现犬尸体已经腐败时，应停止剖检。对于犬常见的各种皮肤损伤，分析其原因、性质和发生时间（生前或死后）。病犬死后存放不当或剖检不及时，易被其他动物啃咬；病犬眼部附着脓性分泌物，多见于犬瘟热；鼻孔附着淡黄色痂皮或分泌物多为卡他性鼻炎。病犬外耳道如有痂皮，常是外耳炎或耳疥癣的标志；外部检查时也应注意乳腺的炎症、肿瘤或其他病理变化。

2. 剥皮与皮下检查

犬尸体采取背卧位固定，剥皮（参考猪剥皮方法）后，将四肢及腹部朝上放为背卧位。先切断两前肢与胸部之间的胸肌和锯肌，使两前肢平放于两侧；再切断两后肢股内侧的肌肉，切开髋关节囊、圆韧带及副韧带，使两后肢后展。在剥皮和切开肌肉摊开四肢的同时，应检查血管断端流出血液的性状，辨认倒卧侧皮下脂肪的颜色、数量及皮下结缔组织的情况；体表淋巴结有无肿大、充血，切面有无水肿、出血和坏死等；同时还应检查公犬阴囊和母犬乳房。

3. 腹腔剖开与腹腔器官视检

先从剑状软骨沿白线至耻骨前缘做切口，然后于剑状软骨部沿肋弓切开两侧腹壁。剖开腹腔时，腹腔前部可见部分肝和胃（胃大弯）。将大网膜除去，可见十二指肠、空肠以及部分结肠和盲肠。

视检腹腔时，应注意观察腹腔各内脏的位置、浆膜的色泽，有无粘连、腹水及其他异常，弄清发生异常部位、病理变化性质及其与周围组织的关系。常见病理变化有肝和胃的膈疝、胃扭转、肠套叠等。腹腔器官的膈疝可能是先天性的，也可能是由于某些损伤造成的；病理性肠套叠应与濒死期的肠套叠相区别，后者的特点是局部肠管不发生梗死，也无其他病理变化，且发生套叠的肠段容易整复。胃扭转多发生于大型犬和老龄犬，可见幽门位于左侧，局部呈绳索状，贲门及其上部食道扭闭、紧张，同时胃扩张、胃大弯和脾移至右侧。

4. 胸腔剖开与胸腔器官视检

用骨钳在两侧肋骨与肋软骨的连接处剪断肋骨，再用刀切断横膈膜、心包、纵隔与胸骨之间的联系，掀除腹侧的胸壁，即露出胸腔。

剖开胸腔后，检查心、肺位置，肺与肋胸膜有无粘连，肺叶间有无粘连，胸腔内中有无渗出物，心包腔是否有积液。

5. 内脏器官采出与检查

采出腹腔器官前，应先检查肝胆系统，对有黄疸症状的病例，这一检查尤为重要。通过轻压胆囊，观察胆汁能否流入十二指肠，以确定胆管的畅通性。腹腔器官采出顺序：先在横膈膜处结扎并切断食管、血管，在骨盆腔处直肠末端结扎并切断直肠；左手插入食管断端，向后牵拉，右手持刀将胃、肝、脾背部的韧带、后腔静脉、肠系膜根部等切断，然后将胃、肠、胰、脾、肝及子宫一起采出，同时切断脊柱下的肠系膜韧带，于腰部脊柱下采出肾脏和肾上腺。腹腔器官的检查基本同猪。犬胃肠道内常存在多种异物和寄生虫。异物可引起多种病理变化（肠炎、肠梗阻、肠穿孔、胃炎、胃溃疡等）；肠道多见蛔虫和绦虫，严重的肠道寄生虫病，可引起贫血和恶病质。例如，出血性胃肠炎、贫血和肾的损害，疑似犬患细螺旋体病；小肠内有血样内容物或混有紫黑色血凝块，肠黏膜充血、出血，尤以空肠和回肠更为明显，疑似犬患肠炎型细小病毒病。胰的病理变化比较少见，胰腺出血，可见于士的宁中毒。检查肾时，应切开并剥离被膜。间质性肾炎，常见于老龄犬或细螺旋体病病例。

口腔、颈部器官和胸腔器官摘出与检查同猪。注意老龄犬或城市犬常有尘肺。

6. 其他器官采出和检查

骨盆腔器官、脑、鼻、脊髓、肌肉、关节、腱鞘、腱、骨、骨髓及乳腺的采出和检查可参考猪。应注意犬的神经性病毒病（如狂犬病）没有特征的眼观病理变化，为了确诊，可将整个脑或海马角保存在甘油和福尔马林中送到有关单位检查。

（四）牛病理剖检技术

1. 外部检查

牛的外部检查与猪相似，主要包括检查尸体变化，询问病死牛的品种、性别、年龄、毛色、体态及治疗情况等，观察营养状态、皮肤与肢蹄、天然孔与可视黏膜。体表检查应注意有无口蹄疫、牛黑色素瘤、牛乳头状瘤、牛结节性皮肤病、牛气肿疽和疝等疾病的相关病理变化。

2. 内部检查

牛的四个胃占腹腔左侧的绝大部分及右侧中下部，前至6~8肋间，后达骨盆腔。因此，剖检时采取左侧卧式，以便腹腔脏器的采出和检查。牛尸体的内部检查按下述方法进行。

（1）剥皮和皮下检查

从下颌间隙沿颈胸腹中线至尾根切开皮肤，经脐部时略偏一侧，从阴茎、阴囊或乳房、阴户的两旁切开皮肤，在四肢内侧各做一皮肤切口与正中线垂直，于球节处做环切，依次将皮肤剥下。剥头部皮肤时，可在眼窝、口角、鼻端做环切，外耳壳连在皮上一起剥下。尾部皮肤剥离至第 3~4 尾椎处，连尾一起割下。

注意检查皮下脂肪、血管与血液、骨骼肌、外生殖器、乳房、唾液腺、舌、咽、扁桃体、食管、喉、气管、食管、甲状腺、胸腺及浅表淋巴结有无异常。

（2）腹腔剖开及其视检

从右侧肷窝沿肋骨弓至剑状软骨切开腹壁，再从髋结节至耻骨联合切开腹壁，然后将被切成楔形的右腹壁向下翻开，即露出腹腔。

腹腔剖开时，应立即视检腹腔脏器（在剑状软骨部可见网胃，右侧肋骨后缘为肝脏、胆囊和皱胃，右肷部见盲肠，其余脏器均为网膜所覆盖），注意有无异常变化。

（3）胸腔剖开及其视检

首先除去右前肢，然后切除右侧胸壁上的肌肉和其他软组织，在肋骨与肋软骨连接处剪断或锯断肋骨，再于肋骨上端（距肋骨小头 8 cm 处）锯断所有肋骨，并切断膈肌，一侧胸壁即可整片掀除。

剖开胸腔后，检查心、肺位置，肺脏大小与回缩程度，肺与肋胸膜有无粘连，肺大叶之间有无粘连，胸腔内有无渗出物，心包腔是否积液，心包与膈肌的关系。

（4）腹腔器官采出和检查

为了便于取出腹腔脏器，应先切除网膜。

①网膜的切除：以左手牵引网膜，右手执刀，将大网膜浅层和深层分别自其附着部（十二指肠降部、皱胃大弯、瘤胃左沟和右沟）切离，再将小网膜从其附着部（肝脏脏面、瓣胃壁面、皱胃幽门部和十二指肠起始部）切离，此时小肠和肠襻均显露出来。切除大网膜后，将尸体倒向左侧使其左侧卧位。

②肠的采出：在右侧骨盆腔前缘找到盲肠，提起盲肠，沿盲肠体向前见一连接盲肠和回肠的三角韧带，即回盲韧带，切断回盲韧带，分离一段回肠，在距回盲口约 15 cm 处将回肠做二重结扎并切断。由此断端向前分离回肠和空肠直至空肠起始部，即为十二指肠肠曲（左肾下，接近结肠的部位），再做二重结扎并切断，取出空肠和回肠。

在骨盆腔口找到直肠，将直肠内粪便向前方挤压，在其末端做一结扎，并在结扎的后方切断直肠。然后握住直肠断端，由后向前把降结肠（结肠后段）从背侧脂肪组织中分离出来，并切离肠系膜直至前肠系膜根部。再将横结肠（结肠终襻）、升结肠旋襻与十二指肠回行部（十二指肠第二、三段间）之间的联系切断。最后把前肠系膜根部的血管、神经、结缔组织一同切断，取出大肠。

③十二指肠、胰腺与肝的采出：这三个器官可根据具体情况采用一起采出法或单独采出法。

一起采出法：先检查门静脉和后腔静脉，再切割膈肌与胸壁的联系（即割离在胸壁附着的膈肌）以及肝、十二指肠、胰腺和周围的联系，一起采出。

单独采出法：采出肝脏前，先检查与肝脏相联系的门静脉和后腔静脉，注意有无血栓形成。然后切断肝脏与横膈膜相连的左三角韧带，注意肝与膈肌之间有无病理性的粘连，再切断圆韧带、镰状韧带、后腔静脉和冠状韧带，最后切断右三角韧带，取出肝脏。胰腺和十二指肠联系紧密，将二者和肝脏分离后分别采出。有时可分离胰腺与周围组织的联系，割断胰管，将胰腺单独采出。

④胃的采出：在幽门后结扎并剪断十二指肠后，将瘤胃向后方牵拉，找出食管，在其

末端结扎、剪断。助手用力向后下方牵拉瘤胃背囊，术者用刀自后向前割断胃、脾的韧带和脾脏同背部、前部联系的悬韧带，因脾与胃相连，可同时采出胃和脾脏。

⑤肾和肾上腺的采出：分离肾周围结缔组织，检查肾动脉、输尿管和肾门淋巴结后，分别将左右两肾的血管、输尿管切断、取出。如输尿管有病理变化，则应将肾、输尿管和膀胱一起采出。肾上腺连同肾一起取出或单独采出。

⑥胃的检查：先将瘤胃、网胃、瓣胃之间的结缔组织分离，将其有血管和淋巴结的一面向上，按皱胃在左（小弯朝上）、瘤胃在右、瓣胃在上、网胃在下的位置平放在地上。皱胃、瘤胃与瓣胃、网胃摆成"十"字形。按下列顺序剖开：皱胃小弯→瓣皱孔→瓣胃大弯→网瓣孔→网胃大弯→瘤胃背囊→瘤胃腹囊→食管→右纵沟。

若网胃有创伤性网胃炎时，可顺食管沟剪开，以保持网胃大弯的完整性，便于检查病理变化。注意内容物的性质、数量、质地、颜色、气味、组成以及黏膜的变化。特别要注意皱胃黏膜有无炎症和寄生虫，瓣胃有无阻塞情况，网胃内有无异物（铁钉、铁片、玻璃等）的刺伤或穿孔，瘤胃的内容物情况。

⑦肠的检查：先检查肠系膜及肠系膜淋巴结有无异常，然后检查肠浆膜是否光滑，颜色是否一致，肠段有无狭窄、增粗、套叠、扭转等情况，肠壁有无破口和破裂缘的情况，再沿肠系膜附着处剪开肠腔。检查肠内容物的性状，肠黏膜色泽，血管状态，肠黏膜是否光滑，肠淋巴滤泡有无肿胀等。

⑧肝、胰、脾、肾与肾上腺的检查：

肝：检查肝门淋巴结、肝动脉和门静脉、胆管、胆囊、肝被膜、肝切面、肝内胆管和血管等。注意肝的颜色、大小、质地、切面的胆管、血管和血液以及局部病理变化。

胰腺：主要是观察其表面与切面有无异常变化。

脾脏：注意其大小、形状、颜色和被膜状况，触摸其质地。切开时，检查脾小梁大小、红髓和白髓的比例及颜色；用刀轻刮切面，观察脾髓是否容易刮脱。

肾脏：检查肾脏的大小、形状和质地有无变化，被膜是否容易剥离。从肾外侧向肾门部将肾等份纵切，检查肾实质、肾盏、集合管和肾盂的变化。

肾上腺：检查其大小、形状、颜色和质地。横切后，注意皮质的厚度、颜色和髓质的范围有无变化。

（5）胸腔器官采出与检查

切断前腔静脉、后腔静脉、主动脉、纵隔和气管等同心、肺的联系后，将心、肺一起采出（也可将二者分别采出）。

切开心包，检查心包液的性质和数量，注意心包内面和心外膜的变化。确定心脏大小、形状、肌僵程度和心室、心房充盈度等。心脏切开可参考猪，然后检查心内膜、房室瓣、半月瓣、腱索和乳头肌的形态。心肌应重点观察其颜色、质地和心室壁的厚度等变化。

检查肺淋巴结和肺外膜，测定肺的质量、体积和各叶外形。观察肺的颜色、质度，并以锐刀将肺切成若干平行的条片，注意各切面的性状。挤压切面，观察流出物的性质和来源及肺实质、间质的状况。

（6）骨盆腔器官采出和检查

可锯开耻骨联合和髂骨体，采出这些器官，或分离骨盆腔后部和周围组织，将其采出。一般情况下，多采用原位检查的方法。除输尿管、膀胱和尿道外，还要检查公牛的精索、输精管、腹股沟、精囊腺、前列腺与尿道球腺；母牛的卵巢、输卵管、子宫角、子宫体、子宫颈与阴道(注意卵巢的大小、形状、质地、质量和卵泡发育情况及黄体形成状态)。

(7)口腔、颈部器官采出和检查

采出之前先检查颈动脉、颈静脉、甲状腺和甲状旁腺及其导管、颌下和颈部淋巴结、口腔的开闭状况、舌的位置、牙齿和齿板的状态、齿龈及各部黏膜情况等。

采出时先在第一臼齿前锯断下颌支，再将刀插入口腔，由口角向耳根，沿上下齿间切断颊部肌肉。将刀尖伸入颌间，切断下颌骨断端用力向后上方提举，下颌骨即可分离采出，口腔显露。此时以左手牵引舌尖，切断与其联系的软组织、舌骨支，检查喉囊。然后分离咽、喉、气管、食道周围的肌肉和结缔组织，即可将口腔和颈部器官一并采出。

舌、咽、喉、气管和食道的检查需要纵切或横切舌肌，检查其结构，注意对同侧齿进行检查。剪开食道，检查食道黏膜的状态，食道的厚度等。剪开喉和气管，检查喉软骨、肌肉和声门、气管黏膜。

(8)颅腔剖开及脑的采出和检查

除去额骨、顶骨、枕骨与颞部的皮肤、肌肉和其他软组织，露出骨质。颅腔剖开与脑的采出有两种方法。

第一种方法：按三条锯线锯开颅腔周围骨质。第一锯线，两眼眶上突根部后缘(即颞窝前缘)的连线，横锯额骨；第二锯线，从第一锯线两端稍内侧(距两端1~2 cm)开始，沿颞窝上缘向两角根外侧伸延，绕过角根后，止于枕骨中缝。此锯线似"U"形；第三锯线，从枕骨大孔上外侧缘开始，斜向前外方外侧，与第二锯线相交。翻转头，使下颌朝上，固定，用斧头向下猛击角根，并用骨凿和骨钳将额骨、顶骨和枕骨除去。如果角突影响了上述锯线的操作，可先将其锯除。

第二种方法：除按第一种方法锯开颅腔周围骨质外，可从枕骨大孔沿枕骨片的中央及顶骨和额骨的中央缝加做一纵锯线，最后用力将左右两角压向两边，颅腔即可暴露。

检查硬脑膜、蛛网膜、软脑膜、脑膜血管以及硬膜下腔的浆液和蛛网膜下腔的脑脊液。用外科刀割断脑神经、视交叉、嗅球并分离硬脑膜后，采出脑。注意脑回与脑沟的变化。小心挤压脑质，确定其质地。

先于正中纵切然后平行纵切大脑与小脑，注意松果体、四叠体、脉络丛的状态，观察侧脑室有无扩张和积水，同时仔细检查第三脑室、大脑导水管和第四脑室，再横切数刀，注意有无各种病理变化。在视交叉对应部之后的脑底骨小凹处，用外科刀或剪刀切离脑垂体上面的周围组织，仔细将其采出。观察脑垂体的大小、形状、切面、色泽等有无变化。

(9)鼻腔、副鼻窦剖开和检查

距头骨正中线0.5 cm处(向左或向右)纵向锯开，切下鼻中隔。注意鼻黏膜和鼻中隔有无病理变化，确定鼻腔渗出物的数量和性质。

由于额窦很大，额骨任何一个部位锯开均可对其进行检查，但在大额窦中锯开较宜。锯线位于两侧眼眶后缘和角根前缘中点的连线。上颌窦锯线较合适的位置为两侧眼眶前缘(或齿后缘)的连线。副鼻窦的检查同鼻腔。

（10）脊椎管剖开，脊髓采出和检查

通常可在第一节椎骨的两端（即椎骨间隙）锯断，从椎管中分离硬脊膜，采出脊髓。注意脊液的性状和颜色，检查软脊膜、灰质、白质、中央管等有无变化。

（11）肌肉和关节检查

肌肉检查与猪相同。

检查关节时，尽量将关节弯曲，在弯曲的背面横切关节囊。注意囊壁的变化，确定关节液的量和性质以及关节面的状态。

（12）骨和骨髓检查

如果骨患有或疑似患某种疾病时，除了视检之外，还可将病理变化部位剖开，检查其切面和内部各种变化。必要时取材镜检。

骨髓检查主要是确定骨髓的颜色、质地有无异常变化。眼观检查后最好取材进一步做组织学、细胞学和细菌学检查。

四、课堂作业

撰写鸡、猪、犬和牛的尸体剖检记录。

五、思考题

1. 动物尸体剖检前应做好哪些准备工作？
2. 描述剖检鸡的胸腺、法氏囊的位置及其形态变化。
3. 猪尸体剖检时外部检查包括哪些内容？
4. 简述犬的剖检顺序。
5. 说明牛尸体剖检时宜采取的体位。摘除牛肠管过程中一般进行几处结扎，位置如何？

实验十五彩图

（陈立功）

实验十六　病理组织切片制作技术

一、实验目的与要求

1. 重点掌握病理组织切片的基本制作过程。
2. 掌握病理组织切片制作过程中的注意事项。

二、实验准备

1. 学生复习病理组织切片制作的原理，对病理组织切片制作过程有初步的认识。
2. 教师准备组织脱水机、包埋机、切片机、组织染色机等组织切片制作所需设备，脱水、透明、包埋、染色等所需试剂和用具。

三、实验内容

病理组织切片常用的制作方法是石蜡切片法和冰冻切片法。

1. 石蜡切片法

石蜡切片法是将新鲜组织固定、脱水、透明、浸蜡、包埋、切片、染色、封片后进行观察的方法。因石蜡切片组织形态结构清晰，适用于各种染色，并且切片标本可长期保存，因此，石蜡切片法是病理学诊断和研究中应用最广泛的一种制片方法。

2. 冰冻切片法

冰冻切片法是利用低温将组织迅速骤冷后进行切片的方法。因组织中的水分迅速冰冻使组织变硬，实际上起到一种包埋作用，切片厚度可达到 $4 \sim 6 \ \mu m$，常用的制冷剂有液氮、甲醇、二氧化碳、氯乙烷等，或利用半导体制冷。因冷冻切片法不需要经过乙醇脱水、二甲苯透明等有机溶剂的处理，故能较好保存组织内酶、糖、脂肪和多种抗原(尤其是表面抗原)的抗原活性，因此，是组织化学和免疫细胞化学研究中常用的切片方法，同时又具备制备时间短的特点，在临床快速病理诊断中得到了广泛应用。但冰冻切片组织中水分易形成冰晶，尤其是含水量较多的组织器官(如脑、心肌)更容易产生冰晶，冰晶会影响酶和抗原的定位。冰晶形成的主要原因是冷冻速度缓慢、温度偏高、细胞内冷冻不均匀所致。通过异戊烷骤冷或使用冷冻保护剂，如甘油和二甲基亚砜(DMSO)等措施，可减少冰晶形成。

组织切片一般制作过程如下。

(一)取材

取材要求刀、剪锋利，切割时不可挤压，拉扯病料，以防人为损伤，不建议用剪刀剪取。取材的工具要清洁。

采集病料要求新鲜。对于死亡的动物，病料的采集越早越好，冬天一般不超过 24 h，夏天一般不超过 4 h。病料采集后应立即放入固定液中进行固定。病理变化部位和可疑病理变化部位都应选取，要由表及里、由浅入深并包括一部分周围正常组织。特殊病料应根据器官的结构特点切取。管状、囊状和皮肤组织应注意垂直切取(横切)。带有膜和黏膜的组织，要防止取材时膜分离和脱落。

组织块大小以 1.5 cm×1.5 cm×0.3 cm 为宜，最厚不宜超过 0.5 cm。过大、过厚的组织，固定液不易渗透，易引起固定不良。过小、过薄的组织，在固定和脱水的过程中易变硬或产生弯曲扭转，同样影响切片质量。

最终取材的组织块应至少一面平整光滑，另一面可不平整，以便包埋时辨认。取材后，不同样品要做好区分标记，放入装有固定液的广口瓶中。

(二)固定

1. 固定的目的

取材的组织块及时固定，可使组织结构或细胞形态更接近生活状态。在保持细胞组织结构形态良好的同时，使细胞内的一些蛋白质、抗原等沉淀或凝固，定位在细胞内原有位置，终止或减少外源性和内源性分解酶的反应，防止组织因离体而发生细胞自溶，减少细胞可溶性蛋白质、脂肪和糖类等成分的弥散、破坏与丢失。同时，固定可使组织硬化定形，便于后续的包埋、切片及对染料的着色。固定不充分、固定液选择不当，将直接影响制片、染色，以及抗原、抗体的准确定位。因此，固定是病理学组织制片中非常重要的环节。由于固定液渗入组织的速度很慢(如 10%福尔马林溶液渗透速度大约 1 mm/h)，为减少组织内酶的作用，可以将组织放置冰箱内固定，使组织内酶失去活性，细菌停止繁殖。

2. 固定剂

固定组织块所使用的化学试剂称为固定剂，用固定剂配制的溶液称为固定液。固定剂种类较多，主要包括甲醛、甲醇、乙醇、冰乙酸、苦味酸、铬酸、重铬酸钾、戊二醛、四氧化锇等。这些固定剂有些是还原剂，有的是氧化剂，对组织的固定作用各有优缺点。目前，还没有能使所有被固定的细胞、组织成分都达到最佳固定效果的固定剂。临床上最常用的固定液是 10%福尔马林溶液和 4%多聚甲醛溶液，它们对多数组织都具有良好的固定能力，其他固定剂要根据研究目的和所观察病理变化脏器组织的特点选择。

常用固定液的配制方法：

10%福尔马林溶液：按照 900 mL 0.01 mol/L 磷酸盐缓冲溶液(PBS)加入 100 mL 40%甲醛饱和水溶液的比例配制。

4%多聚甲醛溶液：将 4 g 多聚甲醛(EM 级)加入 100 mL PBS 中，滴加数滴氢氧化钠溶液，开盖状态下在通风橱中 60℃加热搅拌溶解，然后冷却至室温，调整 pH 值为 7.4，使用前新鲜配制。

3. 固定注意事项

①取材迅速，取出新鲜组织立即固定。陈旧、腐败和干枯的组织不宜制作切片。用陈腐组织制成的切片，往往核浆共染，染色模糊，组织结构不清，无法进行观察。固定不及时和固定不当的组织，染色时常出现核质着色较浅，轮廓不清，出现不同程度的片状发白区。

②固定液的体积要求是组织体积的 10~50 倍。固定瓶用广口瓶，不能用小口瓶。

③放入组织后立即摇晃固定瓶，避免组织黏附瓶壁，影响固定液渗透和结果判断。

④固定含有空气的肺组织与脂肪组织时，容易漂浮于固定液表面，可用纱布或棉花包裹放入，使脏器整体浸没于固定液中。

⑤组织如有血液、污物时，固定液应及时更换。

⑥用铅笔在固定瓶标签上标记不同组别，并仔细核对(其他笔标记容易被乙醇等有机溶剂溶解掉)。多个小脏器(组织)可用布纱包裹，纱布包内外均用铅笔做好标签，并用大头针固定后放入固定瓶中。

（三）冲洗

为避免固定液中甲醛在组织中引起色素沉积，需将固定后组织中的甲醛洗脱。一般用流水(自来水)冲洗 12～24 h。冲洗也有停止固定的作用，防止固定过度，有利于制片染色。

冲洗也可用较大容器浸洗，中间应多次换水。换水时间取决于容器和组织块大小，浸洗时间应比流水冲洗稍长。乙醇固定的组织不需冲洗。

（四）脱水

1. 组织脱水的目的

经冲洗后的组织含有大量水分，以石蜡为包埋剂时，水与石蜡不能互溶，因此，需要在浸蜡和包埋前用脱水剂将组织内水分逐步置换出来，才能使石蜡充分渗入组织内，这一过程称为脱水。

2. 脱水剂的使用

由于乙醇可以以任何比例与水结合，对组织穿透力强，又能使组织硬化，因此，常用乙醇作脱水剂。但乙醇对组织的穿透速度快，对组织有收缩作用，为避免脱水过程中组织过度固缩，脱水时使用从低浓度到高浓度的梯度乙醇溶液脱水。除乙醇外，正丁醇也可作脱水剂。

3. 脱水注意事项

（1）乙醇溶液浓度准确

组织脱水用的梯度乙醇溶液，应根据脱水组织量和脱水次数定期更换，以保持所要求的准确浓度。无水乙醇中如果混有水分，则会造成组织脱水不彻底，导致二甲苯透明也不彻底，组织呈现浑浊，此时可将组织在新配制的乙醇溶液中重新脱水。

（2）脱水时间不宜过长

在无水乙醇中脱水时间不宜过长，否则会使组织过度固缩，过硬、过脆则不易制片。如果遇到此类情况，可将组织浸在香柏油中软化，用二甲苯洗去香柏油后，再重新浸蜡和包埋。

（3）组织脱水必须充分

组织厚度超过 3 mm，组织标本数量多，脱水剂量少都会影响脱水剂的渗透力，使组织脱水不完全，导致石蜡包埋时组织块出现发白区，切片时组织发"糠"、易碎，出现上述情况需再返回无水乙醇重新脱水，并且需更换新的二甲苯溶液。

（五）透明

脱水组织经某些化学试剂处理后眼观呈透明状，故称为透明。由于多数脱水剂与石蜡不能互溶，必须通过透明作用才能使石蜡浸入组织中，因此，透明所用试剂必须能同时与脱水剂和石蜡互溶，目的是将组织中脱水剂置换出来，使后续石蜡能够完全浸入组织。

常用的透明剂为二甲苯，用二甲苯透明时既要充分，否则影响后期石蜡的浸透，但由于二甲苯的穿透力较强，因此，组织在二甲苯内的时间不宜过长，否则可导致组织过度收缩，硬化易碎裂，而无法切出好的切片。除二甲苯外，氯仿、甲苯、苯也可作透明剂，其优点是不易使组织碎裂，但缺点是透明效果较弱。

(六)浸蜡

浸蜡是指组织经脱水、透明后，置于熔化的石蜡中浸渗，石蜡凝固后使组织达到一定硬度便于切片的过程。浸蜡的目的是使石蜡充分渗入组织内形成组织块的支撑物，使组织具备一定的硬度和韧度，以保证能切出高质量的切片。一般需经过2~3次浸蜡才能使石蜡完全取代组织中的透明剂。

浸蜡要注意蜡的质量与浸蜡温度(不超过62℃)，通常选择熔点56~60℃的石蜡，具体应根据切片时的环境气温决定。室温高则选用熔点稍高的石蜡，反之，则选用熔点较低的石蜡，这样可防止切片时石蜡熔点过低变软或熔点过高易碎裂。

脱水、透明和浸蜡一般流程：

①75%乙醇1~2 h(可过夜)。

②85%乙醇1~2 h。

③95%乙醇Ⅰ1~2 h。

④95%乙醇Ⅱ1~2 h。

⑤无水乙醇Ⅰ20~60 min。

⑥无水乙醇Ⅱ20~60 min。

⑦二甲苯Ⅰ20~30 min。

⑧二甲苯Ⅱ20~30 min。

⑨二甲苯Ⅲ20~30 min。

⑩石蜡Ⅰ1~2 h。

⑪石蜡Ⅱ1~2 h。

⑫石蜡Ⅲ 1~2 h。

上述过程可手动操作，也可以在自动组织脱水机中自动进行。

(七)包埋

根据所用包埋剂不同，包埋方法可分为石蜡包埋、OCT(冷冻切片专用胶)包埋和火棉胶包埋。石蜡包埋是常用方法，是指将浸蜡后的组织置于熔化的石蜡中，石蜡凝固后形成具有一定硬度的包埋有组织的石蜡块，便于切片的过程。包埋有组织的石蜡块称为蜡块。

1. 石蜡包埋

①向包埋盒注入少量的熔化石蜡铺垫，用加热的镊子将浸蜡的组织块放入包埋盒底部。

②用镊子轻轻将组织一面贴平固定于包埋盒底面，继续向包埋盒内注入石蜡淹没组织块，将包埋盒移至制冷台上，待包埋盒内石蜡冷却固化后，从包埋盒中取出固化的蜡块。

③用手术刀除去蜡块周围多余的石蜡。

2. 注意事项

①组织与包埋盒底部要贴平，便于切片。

②注意包埋方向：心、肝、肾、脂肪组织一般以组织最大面为包埋面；脑组织需要观察海马时，应以视交叉切面为包埋面；肌肉、脊髓、外周神经应同时包埋横断面和纵断面；血管、肠包埋时，管腔尽量不要呈闭合状；皮肤、眼球壁包埋时应与表层垂直。

③石蜡温度不应高于62℃，特别是垂体、肾上腺组织，更要防止高温损伤。

（八）组织切片的制备

根据切片制备方法的不同，组织切片的制备可分为石蜡切片法、冰冻切片法、火棉胶切片法、石蜡包埋半薄切片法、树脂包埋薄切片法和大组织石蜡切片法等。其中，石蜡切片法和冰冻切片法是常用方法。

1. 石蜡切片法

石蜡切片是各种切片制作方法中最常用、最普遍的一种方法，是将包被有组织标本的蜡块经切片机制备成切片的过程。通常切片厚度1~5 μm。

（1）切片前的准备

①高质量的蜡块和锋利的刀片是保证切片质量的关键环节。检查刀片是否锋利，简便的方法是用头发在刀锋上碰一下，如一碰即断，说明刀锋锋利。用显微镜观察可确定刀口是否平整，有无缺口。

②清洁的载玻片对高质量的切片制作也十分重要，必要情况下可做清洁处理后再使用。

（2）切片制作过程

①切片前通常将包埋好的蜡块在4℃冰箱中预冷有助于切出高质量的切片。将蜡块固定于载物台上，上好刀片，移动滑动台使刀刃接触蜡块表面。

②当使用轮转式切片机时，一般左手执毛笔，右手旋转切片机转轮。

③正式切片之前需先对蜡块进行粗修，以便使蜡块中的组织完全暴露。粗修时切片厚度可调至5~10 μm，粗修结束后，再将切片厚度调至需要的厚度。

④旋转转轮，使刀刃在蜡块上轻轻移动，切出需要的切片。

（3）捞片和展片

捞片前，在载玻片上用铅笔或者打号机做好与对应组织块相一致的标记。切出蜡片后，用毛笔轻轻地托起，然后用眼科镊夹起，正面向上放入展片箱（展片温度根据作用的石蜡熔点进行调整，一般低于石蜡熔点10~12℃）。待切片展平后，将切片捞到载玻片上，载玻片与水面呈直角有助于捞片。

（4）烤片

切片捞起后，一般在60℃左右烤箱内或者烤片机上烤0.5~4 h或者37℃过夜。血凝块和皮肤组织应及时烤片，但对脑组织应待完全晾干后，才能进行烤片。否则，可能产生气泡，影响染色。

（5）切片制备注意事项

①切片刀锋利、无缺口、无积屑是切片的基本要求。如果切出的切片自行卷起，多由切片刀不锋利所致。切片刀有缺口时，易造成切片断裂、破碎和不完整。

②切片时应注意被包埋的组织块是否已全部展示在切片上，特别是多个组织的复合包埋块，每个组织是否切全，有无刀痕、皱褶、龟裂、折叠、切片不全、破碎、组织松散、太厚或组织片呈现波浪状薄厚不匀等现象。

③轮转式切片机是由下向上切，为得到完整的切片，防止组织出现刀纹裂缝，应将组织硬脆难切的部分放在上端(如皮肤组织，应将表皮部分向上；而胃肠等组织，应将浆膜面朝上)。

④为减少切片刀与组织块在切片过程中产生的热量，使石蜡保持合适的硬度，切片时可先在冰箱4℃左右的冷藏室冷却，尤其是夏季高温季节更为必要。

⑤应注意切片机的日常维护，防止切片时因螺丝松动产生震动，造成切片厚薄不均。

⑥刀刃与蜡块接触时要轻切削，避免切削过深蜡块出现刀痕。为防止切片龟裂，可用水蒸气加湿、加水等方法处理蜡块表面。

⑦切较硬的骨、软骨、含纤维肿瘤组织时，刀片容易由于震颤导致切片出现颤痕，此时需更换切硬组织刀片。如果问题仍然得不到解决，需重新进行脱钙处理。切脑垂体、肾上腺小组织切片时，注意切面的完整性，如垂体的分叶、皮肤的表皮及真皮是否切全。

⑧粗修时，可使用用过的旧刀片。

⑨切片速度要求均匀，滑动台运行速度不均匀可影响切片厚度。

⑩捞片时，注意切片与载玻片接触的位置，要留出贴标签的空间，并注意整齐美观。

2. 冰冻切片法

冰冻切片法根据制冷方式的不同，可分为恒冷箱切片法、半导体制冷冰冻切片法、甲醇制冷器法、二氧化碳冰冻法、低温恒冷箱冰冻切片法。目前，恒冷箱切片法多用。恒冷箱切片法是将组织块置于恒冷箱的切片机上进行切片。恒冷箱切片机的种类较多，可根据实际情况选用。

(1)制备过程

将恒冷箱温度调至-25℃左右，达到设定温度后，打开观察窗，将组织固着器放置到速冻台上，先放少量OCT或羧甲基纤维素，待冻结后将组织块放上，并在其周围加适量包埋剂，将组织块包埋。组织冻结后，将组织固着器装到切片机上，调整组织的切面与刀刃平行并贴近刀刃，将厚度调至适当位置后，关闭观察窗。初步修出组织切面后，放下抗卷板，开始切片。将切好的切片用载玻片贴附后，吹干或固定。

(2)制备注意事项

①所取组织不能带有水分，否则容易形成冰晶，影响观察效果。

②组织取材应快速，骤冷速度快而均匀，搅拌冷冻可使受冷均匀；骤冷时间不要过长，否则组织碎裂，一般为1 min。

③恒冷箱的温度一般设置-25℃左右，太低则组织表面易出现冰碴。

④组织应平整地埋入OCT中，不能有气泡。

⑤切片刀要快，并且预先冷冻。

⑥在冷冻台上粘贴组织时，过多的OCT不仅会冻融组织，而且易形成冰晶。

⑦防卷板调好后不应再动，通过调整组织找到与防卷板的合适位置；注意保护防卷板刀面，不要用硬的器械碰伤防卷板刀面，停机时在防卷板刀面与刀架之间放一块软布。

⑧载玻片贴片时，动作轻而迅速，否则易出现皱褶。

⑨组织如果从液氮内或-80℃取出，必须进行温度平衡后才能切片；切完的组织如下次还使用，应在没有完全溶解前取下，密闭后低温保存。

（九）染色

染色是指染色剂和切片组织细胞相结合的过程。目的是使组织标本各部分在光学显微镜下能清晰地显示出来，便于观察组织的结构和病理变化。苏木精-伊红染色简称 H. E. 染色，是生物学和医学最广泛应用的细胞与组织染色方法，病理学中称为常规染色方法。病理细胞和组织学的诊断、教学和研究通常都采用 H. E. 染色观察正常和病理变化组织的形态结构。

1. H. E. 染色的基本原理

（1）细胞核染色

细胞核内染色质主要是 DNA，DNA 双螺旋结构中两条链上的磷酸基向外，带负电荷，呈酸性，很容易与带正电荷的苏木精碱性染料以离子键或氢键结合而染色。苏木精在碱性染料中呈蓝色，所以可使组织细胞核被染成蓝色。

（2）细胞浆染色

细胞浆内主要成分是蛋白质，在染液中加入乙酸使细胞浆带正电荷（阳离子），就可被带负电荷（阴离子）的染料染色。伊红 Y 是一种化学合成的酸性染料，是细胞浆的良好染料。在水中解离成带负电荷的阴离子，可与细胞内带正电荷（阳离子）的蛋白质氨基结合而使细胞浆染成红色。细胞浆、红细胞、肌肉、结缔组织、嗜伊红颗粒等都可被染成不同程度的红色或粉红色，与蓝色的细胞核形成鲜明的对比。

由于染色剂与切片制备中使用的石蜡两者不相溶，因此，染色前需要先经二甲苯脱蜡，然后用乙醇置换二甲苯，最后用水置换乙醇，即可实现染液染色组织细胞的目的。

2. 染色液的配制

（1）苏木精（素）

苏木精是一种从苏木素树提炼出来的纯天然染料，苏木精本身的染色性能差，目前的苏木精配方，经过多年精心加工配制，具有染色性能好、保持时间长的特点，是世界上唯一的常规细胞核染料。

（2）苏木精染液的配制

苏木精的配方很多，可根据需要选用，Harris 法最常用。

①Harris 法：苏木精 1 g，硫酸铝钾 15 g，无水乙醇 10 mL，蒸馏水 200 mL。

先用蒸馏水加热溶解硫酸铝钾，用无水乙醇溶解苏木精，再倒入已溶解的硫酸铝钾蒸馏水中，煮沸 1 min 后，稍冷却，慢慢加入红色氧化汞 0.5 g，继续加热至染液变为紫红色，用纱布盖瓶口，使用前滤纸过滤后，每 100 mL 加冰乙酸 5 mL。

②Mayer 苏木精改良法：

A 液：苏木精 2 g，无水乙醇 40 mL。

B 液：硫酸铝钾 100 g，蒸馏水 600 mL。

按上述比例，将苏木精溶于无水乙醇中制成 A 液，稍加热使硫酸铝钾在水中溶解制成 B 液，再将 A 液与 B 液混合煮沸 2 min。用蒸馏水补足 600 mL，加入 400 mg 碘酸钠充分混匀，配好的苏木精染液呈紫红色。

③Gill 改良苏木精染液的配制：苏木精 2 g，无水乙醇 250 mL，硫酸铝钾 17 g，蒸馏水 750 mL，碘酸钠 0.2 g，冰乙酸 20 mL。

先将苏木精溶于无水乙醇，再将硫酸铝钾溶于蒸馏水中。两液溶解后将其混合，加入碘酸钠待苏木精氧化成紫红色后，再加入冰乙酸。

（3）伊红溶液的配制

①水溶性伊红：水溶伊红 Y 0.5~1 g，蒸馏水 100 mL。

先将水溶性伊红 Y 加入蒸馏水中，用玻璃棒将伊红搅至起泡沫后过滤，每 100 mL 加冰乙酸 1 滴。

②醇溶性伊红：醇溶伊红 Y 0.5~1 g，90%乙醇 100 mL。

先将伊红溶于乙醇中，用玻璃棒研碎溶解后，每 100 mL 加冰乙酸 1 滴。用醇溶伊红溶液染细胞浆后，可不经水洗直接用 85%乙醇脱水。

（4）盐酸乙醇分化液的配制

浓盐酸 0.5~1 mL，75%乙醇 99 mL。

此液用一段时间后需要延长分化时间或更换液体，新液分化时间要短。

3. 常规石蜡切片 H.E.染色流程

①二甲苯Ⅰ 10 min。

②二甲苯Ⅱ 5 min。

③无水乙醇 1 min。

④无水乙醇 1 min。

⑤95%乙醇 1 min。

⑥90%乙醇 1 min。

⑦85%乙醇 1 min。

⑧自来水洗 2 min。

⑨苏木精染色 1~5 min。

⑩自来水洗 1 min。

⑪1%盐酸乙醇分化 10 s。

⑫自来水洗 1 min。

⑬稀氨水（1%）返蓝 30 s。

⑭自来水洗或蒸馏水洗 1 min。

⑮伊红染色 10 s~5 min。

⑯自来水洗 1 min。

上述过程可手动操作，也可以在自动组织脱水机中自动进行。

4. 冰冻切片 H.E.染色流程

①恒冷箱冰冻切片贴附到载玻片上后，用固定液（95%乙醇 95 mL 与冰乙酸 5 mL 配制）固定 1 min。

②自来水洗。

③苏木精染色 1~2 min。

④自来水洗 30 s。

⑤1%盐酸乙醇分化 20 s。

⑥自来水洗 20 s。

⑦稀氨水返蓝 30 s。

⑧自来水洗 20 s。

⑨伊红染色 20s~1 min。

⑩自来水洗 20 s。

5. 注意事项

①组织切片脱蜡应彻底，脱蜡效果主要取决于二甲苯的温度和时间，所用时间是指新鲜配制的二甲苯在室温 25℃ 以下的时间，如果二甲苯使用过一段时间，切片又比较厚，室温低则应增加脱蜡时间；二甲苯试剂使用一段时间后要定期更换，脱蜡不彻底是染色不良的重要原因。

②染色时间应根据最后的染色效果调整，通常新配的染色液染色时间短，随着染片数量的增加，染色时间可逐渐延长。分化对染色很重要，苏木精染色后，不宜在水中和盐酸乙醇分化时间过长，分化程度可在显微镜下观察。如果分化不当会使应该分化脱色的部分未脱色，或分化不足致染色不均匀。

（十）脱水和封片

为便于染色后的组织切片在显微镜下观察及长期保存，需将组织切片封固保存于载玻片与盖玻片之间，使其不与空气接触，防止氧化、褪色的过程称为封片。封片所用的试剂称为封片剂，通常使用的封片剂是中性树胶或加拿大树胶。由于封片剂不溶于组织染色后的水溶液，因此，切片经过染色后，需通过梯度乙醇脱水，二甲苯透明后才能封片。封片时向切片上的组织标本滴加封片剂后，盖上盖玻片。

1. 脱水和封片流程

①自来水洗 30 s。

②85% 乙醇脱水 20 s。

③90% 乙醇 30 s。

④95% 乙醇Ⅰ 1 min。

⑤95% 乙醇Ⅱ 1 min。

⑥无水乙醇Ⅰ 2 min。

⑦无水乙醇Ⅱ 2 min。

⑧二甲苯Ⅰ 2 min。

⑨二甲苯Ⅱ 2 min。

⑩二甲苯Ⅲ 2 min。

⑪中性树胶或加拿大树胶封片。

2. 注意事项

①低浓度乙醇对伊红有分化作用，故切片经低浓度乙醇脱水时间要短，逐渐向高浓度乙醇延长脱水时间；脱水要彻底，否则容易影响切片质量，显微镜下容易出现组织结构模糊不清的问题。梯度乙醇应定期更换。

②透明应彻底。

③透明结束后捞出切片，封片应在二甲苯未干时封片。在南方冬春或梅雨季节，封片时要防止口鼻呼出的气体接触切片；在较潮湿天气或环境，不宜一次将多张切片取出待封，以免切片还潮，出现云雾状水珠。

④在封片时，树胶不能太稀或太稠，滴加量要适中，以树胶均匀充满盖玻片且树胶不外溢为佳。太稀或太少时切片容易空泡，太多时会使树胶溢出盖玻片四周。

⑤要将组织全部覆盖，不应出现气泡。

⑥封固好的切片应平放在摊片盘上，放置于恒温箱中40~50℃烘烤15 h左右，或者室温晾干，有利于切片的长期保存。

(十一)切片制作质量判定

①切片完整，厚度4~6 μm，薄厚均匀，无褶、无刀痕。

②细胞核与细胞浆应蓝红相映，鲜艳美丽；核浆对比明显，核膜及核染色质颗粒清晰可见；细胞核呈蓝色，细胞浆、肌肉、结缔组织、红细胞和嗜伊红颗粒呈不同程度的红色；钙盐和各种微生物也可染成蓝色或紫蓝色。

(十二)组织切片观察

1. 观察的基本方法

①肉眼或放大镜观察：初步了解组织切片的结构(疏松、致密)，颜色是否均匀，分清正反。

②低倍镜观察：按从左到右、从上到下的顺序进行全面观察，辨认器官，找出病理变化部位，确定病理变化范围及与周围组织的关系。

③高倍镜观察：观察病理变化部位的结构改变和细胞特点。

④观察非主要病理变化部位有无改变。

⑤综合分析所见病理变化特征，做出病理诊断。

2. 注意事项

①用动态、发展的观点进行观察，认识到所观察的大体病理标本和切片中的病理变化只是疾病发展过程中的一个阶段，要善于分析病理变化来源及其可能的发展结果。

②注意局部与整体、形态与机能的相互影响，从病理变化出发，同时要联系临床患病畜禽可能出现的症状。

③抓住主要矛盾，去粗取精，去伪存真，做出正确判断。

四、课堂作业

制备出一张合格的H.E.切片。

五、思考题

1. 组织取材大小如何选取？

2. 不同组织脱水时间有何不同？

3. 常用固定剂是什么？如何配制？

(王辉暖)

参考文献

陈怀涛，2008. 兽医病理学原色图谱[M]. 北京：中国农业出版社.

陈立功，2022. 猪病类症鉴别与诊治彩色图[M]. 北京：化学工业出版社.

董世山，许利军，陈立功，2021. 猪病防治新技术宝典[M]. 北京：化学工业出版社.

刘宝岩，邱震东，1990. 动物病理组织学彩色图谱[M]. 长春：吉林科学技术出版社.

童德文，赵晓民，黄勇，2021. 动物病理解剖学实验实习指导[M]. 北京：中国林业出版社.

王靖萱，徐瑶，王颢然，等，2022. 犬子宫内膜炎的新分类：从解剖学和组织病理学角度分析[J]. 畜牧兽医学报，53(4)：1259-1269.

韦强，肖琛闻，刘燕，等，2018. 兔子宫内膜炎型巴氏杆菌病的诊治[J]. 中国养兔(2)：40-41.

解颖颖，胡学权，崔京春，等，2017. 脂多糖诱导哺乳期 SD 大鼠乳腺炎模型的建立[J]. 动物医学进展，38(2)：46-50.

赵德明，2018. 兽医病理学[M]. 3 版. 北京：中国农业出版社.

赵德明，周向梅，杨利峰，等，2015. 动物组织病理学彩色图谱[M]. 北京：中国农业大学出版社.

BERNE, LEVY, 2008. 生理学原理[M]. 4 版. 北京：高等教育出版社.

JAMES F, ZACHARY M, DONALD MCGAVIN, 2015. 兽医病理学[M]. 5 版. 赵德明，杨利峰，周向梅，等译. 北京：中国农业出版社.

LATIMER K S, 2021. 兽医实验室临床病理检查手册[M]. 5 版. 吴长德，译. 北京：中国农业出版社.

MCLNNES E F, 2018. 实验动物背景病变彩色图谱[M]. 孔庆喜，吕建军，王和枚，等译. 北京：北京科学技术出版社.

JAMES F, ZACHARY, 2017. Pathologic Basis of Veterinary Disease[M]. 6th edition. St Louis：Elsevier.